班组安全100丛书

生产班组100个安全知识点

■ 班组安全100丛书编委会 组织编写

中国劳动社会保障出版社

图书在版编目(CIP)数据

生产班组100个安全知识点/《班组安全100丛书》编委会组织编写. —北京：中国劳动社会保障出版社，2011

班组安全100丛书

ISBN 978-7-5045-8969-9

Ⅰ.①生… Ⅱ.①班… Ⅲ.①生产小组-工业企业管理:安全管理 Ⅳ.①F406.6

中国版本图书馆CIP数据核字(2011)第044147号

中国劳动社会保障出版社出版发行

（北京市惠新东街1号 邮政编码：100029）

出版人：张梦欣

*

新华书店经销

北京地质印刷厂印刷 三河市华东印刷装订厂装订

787毫米×1092毫米 32开本 9.625印张 197千字

2011年4月第1版 2011年4月第1次印刷

定价：24.00元

读者服务部电话：010-64929211/64921644/84643933

发行部电话：010-64961894

出版社网址：http：//www.class.com.cn

"班组安全100丛书"编委会

内容提要

近几年，党中央、国务院针对安全生产工作作出了一系列重大决策，中央各相关部门也制定了许多重要的安全生产监督管理规章，体现了“安全发展，预防为主”的原则要求，促进了企业安全管理的不断加强。在新的历史时期，针对经济社会发展特别是在转变经济发展方式中出现的新形势新情况，需要进一步制定和完善相关法律法规、政策措施，继续把安全生产工作推向深入，巩固和发展不断取得的安全生产成效。企业是安全生产的根本，企业的安全生产状况关系全国的安全生产大局，国家有关安全生产法律法规、政策措施最终要落实到企业，只有提高企业的安全生产水平，才能真正实现安全生产形势的持续稳定好转。而企业的安全来自于班组的安全，只有不断提高班组的安全管理水平，保证班组安全生产，企业才能实现安全生产的目标。

本书从班组日常安全学习、安全活动的角度，着眼于基层的安全管理，采取通俗易懂的叙述方式，汇集了近期新颁布的、与班组安全生产密切相关的法律法规、重要文件、部门规章。全书分为六个部分，即：有关安全生产综合管理新知识、消防法规与消防工作新知识、特种设备安全监管新知识、事故隐患排查新知识、应急救援新知识、职业危害与预防新知识。认真学习这些新的知识，将新的知识运用于生产作业中，将极大促进班组安全生产工作，提高班组的管理水平和预防事故的能力。

前　言

班组是企业的细胞，是安全生产的第一线，是企业完成各项工作的基础。班组的安全生产状况如何，直接关系到企业的安全生产状况。班组平安，则企业平安；班组不安，则企业难安。因此，加强班组的安全管理，对于保证企业正常生产秩序、提高企业生产效率和促进企业发展具有重要意义。正是由于班组是企业生产活动的主角，是企业完成安全生产各项目标的主要承担者和直接实现者，所以企业安全管理的各项工作必须紧紧围绕生产一线——班组开展才有效。

从许多事故案例（包括重特大事故）来看，事故的发生与班组的安全管理有直接的关系。例如，1994 年 11 月 13 日，吉林省辽源矿务局泰信矿四井发生一起特大煤尘爆炸事故，死亡 79 人，伤 129 人，直接经济损失约 320 万元。造成这起事故的直接原因，是泰信矿四井蹬钩工张延龄在作业中违章多挂重车，致使矿车鸭嘴断裂跑车，撞击摩擦产生火花引燃煤尘爆炸。再如 2005 年 11 月 13 日，中石油吉林石化公司双苯厂在生产过程中，由于当班操作工停车时操作失误，未将应关闭的阀门及时关闭，导致进料系统温度超高，长时间温度超高后引起容器爆裂并引发连环爆炸，造成数万名居民和大学生紧急疏散，以及松花江污染事件。

据统计，当前伤亡事故中，包括重大、特大事故，因为不可抗拒的自然灾害或目前技术上还不能解决的难题而造成的事故是极少的，绝大多数属于责任事故。在这些责任事故中，90% 以上的事故发生在班组，80% 以上的事故是由于违章指挥、违章作业和设备隐患没能及时发现、及时消除等人为因素造成的。这些因违章指挥、违章作业以及操作失误所导致的事故具有很强的随机性和突发性，其中一个重要原因就是班组安全管理薄弱，缺乏有效的控制措施。如果在事故发生之前，班组长或者班组安全员、班组的老职工安全意识强一点，管理得严格一点，及时纠正违章作业行为，这样惨痛事故的发生就有可能避免。类似情况在一些常见多发事故中体现得更为明显。在这套“班组安全 100 丛书”中，对此类常见多发事故进行了详细的介绍和深入的分析。此类情况下，有的时候只要班组长或者班组安全员认真负责一点，小心谨慎一点，就会避免事故的发生，防止事故的伤害，挽救一些人的生命，这样的事例很多很多，数不胜数。

企业的安全生产需要建立长效机制，需要制定各项安全管理规章制度，需要企业领导和其他管理人员予以充分重视，需要进行安全投入以改善设备设施。除此之外，还有一个更加重要的“需要”，那就是需要把规章制度、预防措施落实下去。某企业在门口立起这样一块牌子：“开会 + 不落实＝零，制度＋不落实＝零。”这个牌子立得好，这两个“公式”也好，言简意赅，寓意深刻，令人深思。安全生产工作需要扎扎实实，一步一个脚印，不能躺在会议、制度上睡大觉，更不能成天说套话、废话、空话、大话。人是安全生产过程中起决定作用的因素，企业的设备、工具和原材料等都要由班组掌握使用；企业的生产、技术、经营管理和各项规章制度的贯彻落实，也要通过班组的活动来实现。企业的安全工作要落实，落实到哪里呢？就是要落实到班组，落实到职工。

自1988年全国总工会、原国家经贸委联合颁发《工业企业班组安全建设意见纲要》以来，许多工会组织和企业，结合自身的实际情况，狠抓班组安全建设，取得了显著成效。例如，天津市自1995年开展创建安全先进、标兵班组竞赛活动以来，创建活动取得了明显成效，班组安全建设日益成为预防和杜绝伤亡事故的前沿阵地。从近两年的统计报表中可以看出，全市有9万多个班组的近百万名职工提出事故隐患10.65万项，纠正违章6.65万项，避免可能发生的事故7 600多起，为国家和企业挽回经济损失超过2.75亿元。实践证明，开展班组安全创建活动，加强班组的安全管理，对于预防事故的发生，保证企业安全生产能够起到重要作用。

这套“班组安全100丛书”的编辑出版，我认为十分必要。班组在实际生产作业中，需要安全生产知识，需要具体的安全管理方法和经验，需要预防事故的具体措施。这套丛书比较详细、全面地对班组安全管理（活动）经验与方法进行了介绍，对人员操作事故、设备管理事故、人员操作与设备管理交叉事故案例做了分析，此外还对紧急情况应急处置案例做了分析，切合了班组的需要。本套丛书的编写人员中许多来自企业，他们之中大部分人曾经担任过班组长，对班组的学习、生产情况十分熟悉，都有着切身的感受，所以从选材、叙述、语言文字等方面更加注重班组的实际需要，下了很大的工夫，做了很大的努力。

安全生产是人们共同的追求与期盼，是国家经济发展的需要，也是企业发展的需要。在此希望企业的领导者首先从自身做起，重视安全生产，关口前置、重心下移，重视班组建设，切切实实把班组安全工作做好。

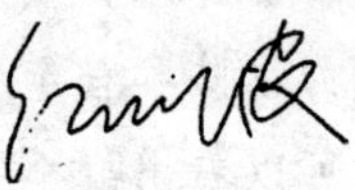

2011年4月

目　录

第一部分　有关安全生产综合管理新知识 …………………… 1
一、《中华人民共和国社会保险法》相关知识点 ……… 1
二、《中华人民共和国劳动合同法》相关知识点 …… 13
三、《工伤保险条例》相关知识点 ………………… 20
四、《生产安全事故报告和调查处理条例》相关知识点 ………………………………… 34
五、《放射性物品运输安全管理条例》相关知识点 …… 41
六、《国务院关于进一步加强企业安全生产工作的通知》相关知识点 ……………………… 45
七、《安全生产违法行为行政处罚办法》相关知识点…… 63
八、《〈生产安全事故报告和调查处理条例〉罚款处罚暂行规定》相关知识点 ………………… 69
九、《安全生产领域违法违纪行为政纪处分暂行规定》相关知识点 ……………………… 71
十、《安全生产监管监察职责和行政执法责任追究的暂行规定》相关知识点 ……………… 74
十一、《冶金企业安全生产监督管理规定》相关知识点 ……………………………… 80

十二、《关于进一步加强煤矿安全基础管理的通知》相关知识点 …… 85
十三、《关于深入持久开展煤矿安全质量标准化工作的指导意见》 …… 90
十四、《煤矿生产安全事故报告和调查处理规定》相关知识点 …… 98
十五、《生产安全事故信息报告和处置办法》相关知识点 …… 103
十六、《关于进一步加强和改进生产安全事故信息报告和处置工作的通知》 …… 106
十七、《关于在高危行业推进安全生产责任保险的指导意见》相关知识点 …… 109
十八、《特种作业人员安全技术培训考核管理规定》相关知识点 …… 114
十九、《企业安全生产标准化基本规范》相关知识点 …… 129
二十、《关于加强煤矿班组安全生产建设的指导意见》相关知识点 …… 139

第二部分　消防法规与消防工作新知识 …… 146
一、《中华人民共和国消防法》相关知识点 …… 146
二、《建设工程消防监督管理规定》相关知识点 …… 152
三、《消防监督检查规定》相关知识点 …… 156
四、《火灾事故调查规定》相关知识点 …… 161
五、《社会消防安全教育培训规定》相关知识点 …… 164

六、《重大火灾隐患判定方法》相关知识点 ………… 167
七、《人员密集场所消防安全管理》相关知识点 …… 170

第三部分　特种设备安全监管新知识 ……………… 174
一、《特种设备安全监察条例》相关知识点 ………… 174
二、《特种设备事故报告和调查处理规定》相关知识点 ………………………………………… 193
三、《起重机械安全监察规定》相关知识点 ………… 199
四、《建筑起重机械安全监督管理规定》相关知识点 … 203

第四部分　事故隐患排查新知识 ……………………… 209
一、《安全生产事故隐患排查治理暂行规定》相关知识点 ………………………………………… 209
二、《金属和非金属矿山、尾矿库、冶金有色、石油天然气开采、危险化学品、烟花爆竹、机械制造等行业（领域）企业2008年安全生产隐患排查治理工作实施意见》相关知识点 ……………… 214

第五部分　应急救援新知识 …………………………… 230
一、《生产安全事故应急预案管理办法》相关知识点 … 230
二、《关于加强基层安全生产应急队伍建设的意见》相关知识点 ………………………………………… 236
三、《生产经营单位生产安全事故应急预案评审指南（试行）》相关知识点 ………………………… 244

第六部分　职业危害与预防新知识…………………………　248
一、《作业场所职业健康监督管理暂行规定》相关知识点…………………………………………　248
二、《作业场所职业危害申报管理办法》相关知识点　…　255
三、《煤矿作业场所职业危害防治规定（试行）》相关知识点……………………………………　257
四、职业卫生工作与职业危害因素相关知识点………　266
五、尘肺病及防治相关知识点……………………………　270
六、矿山开采职业危害及预防相关知识点……………　278
七、石油与天然气开采职业危害及预防相关知识点　……　281
八、钢铁工业的职业危害及预防相关知识点…………　283
九、有色金属工业的职业危害及预防相关知识点……　286
十、机械制造加工业职业危害及预防相关知识点……　287
十一、化工行业职业病危害及预防相关知识点………　289

第一部分

有关安全生产综合管理新知识

一 《中华人民共和国社会保险法》相关知识点

《中华人民共和国社会保险法》（以下简称《社会保险法》）由第十一届全国人民代表大会常务委员会第十七次会议于2010年10月28日审议通过，自2011年7月1日起施行。

《社会保险法》分为十二章九十八条，各章内容为：第一章总则，第二章基本养老保险，第三章基本医疗保险，第四章工伤保险，第五章失业保险，第六章生育保险，第七章社会保险费征缴，第八章社会保险基金，第九章社会保险经办，第十章社会保险监督，第十一章法律责任，第十二章附则。制定《社会保险法》的目的，是根据宪法，为了规范社会保险关系，维护公民参加社会保险和享受社会保险待遇的合法权益，使公民共享发展成果，促进社会和谐稳定。

《社会保险法》规定，国家建立基本养老保险、基本医疗保险、工伤保险、失业保险、生育保险等社会保险制度，保障公民在年老、疾病、工伤、失业、生育等情况下依法从国家和社会获得物质帮助的权利。社会保险制度坚持广覆盖、保基本、多层次、可持续的方针，社会保险水平应当与经济社会发展水平相适应。

中华人民共和国境内的用人单位和个人依法缴纳社会保险费，有权查询缴费记录、个人权益记录，要求社会保险经办机构提供社会保险咨询等相关服务。个人依法享受社会保险待遇，有权监督本单位为其缴费情况。社会保险经办机构提供社会保险服务，负责社会保险登记、个人权益记录、社会保险待遇支付等工作。

1. 对基本养老保险的有关规定

《社会保险法》在第二章基本养老保险中规定，职工应当参加基本养老保险，由用人单位和职工共同缴纳基本养老保险费。无雇工的个体工商户、未在用人单位参加基本养老保险的非全日制从业人员以及其他灵活就业人员可以参加基本养老保险，由个人缴纳基本养老保险费。

基本养老保险实行社会统筹与个人账户相结合。基本养老保险基金由用人单位和个人缴费以及政府补贴等组成。

用人单位应当按照国家规定的本单位职工工资总额的比例缴纳基本养老保险费，记入基本养老保险统筹基金。职工应当按照国家规定的本人工资的比例缴纳基本养老保险费，记入个人账户。

无雇工的个体工商户、未在用人单位参加基本养老保险的非全日制从业人员以及其他灵活就业人员参加基本养老保险的，应当按照国家规定缴纳基本养老保险费，分别记入基本养老保险统筹基金和个人账户。

国有企业、事业单位职工参加基本养老保险前，视同缴费年限期间应当缴纳的基本养老保险费由政府承担。基本养老保险基金出现支付不足时，政府给予补贴。

个人账户不得提前支取，记账利率不得低于银行定期存款利率，免征利息税。个人死亡的，个人账户余额可以继承。

基本养老金由统筹养老金和个人账户养老金组成。基本养老金根据个人累计缴费年限、缴费工资、当地职工平均工资、个人账户金额、城镇人口平均预期寿命等因素确定。

参加基本养老保险的个人，达到法定退休年龄时累计缴费满十五年的，按月领取基本养老金。参加基本养老保险的个人，达到法定退休年龄时累计缴费不足十五年的，可以缴费至满十五年，按月领取基本养老金；也可以转入新型农村社会养老保险或者城镇居民社会养老保险，按照国务院规定享受相应的养老保险待遇。

参加基本养老保险的个人，因病或者非因工死亡的，其遗属可以领取丧葬补助金和抚恤金；在未达到法定退休年龄时因病或者非因工致残完全丧失劳动能力的，可以领取病残津贴。所需资金从基本养老保险基金中支付。

国家建立基本养老金正常调整机制。根据职工平均工资增长、物价上涨情况，适时提高基本养老保险待遇水平。

个人跨统筹地区就业的，其基本养老保险关系随本人转移，缴费年限累计计算。个人达到法定退休年龄时，基本养老金分段计算、统一支付。具体办法由国务院规定。

国家建立和完善新型农村社会养老保险制度。新型农村社会养老保险实行个人缴费、集体补助和政府补贴相结合。

新型农村社会养老保险待遇由基础养老金和个人账户养老金组成。参加新型农村社会养老保险的农村居民，符合国家规定条件的，按月领取新型农村社会养老保险待遇。

国家建立和完善城镇居民社会养老保险制度。省、自治区、直辖市人民政府根据实际情况，可以将城镇居民社会养老保险和新型农村社会养老保险合并实施。

2. 对基本医疗保险的有关规定

《社会保险法》在第三章基本医疗保险中规定，职工应当参加职工基本医疗保险，由用人单位和职工按照国家规定共同缴纳基本医疗保险费。无雇工的个体工商户、未在用人单位参加职工基本医疗保险的非全日制从业人员以及其他灵活就业人员可以参加职工基本医疗保险，由个人按照国家规定缴纳基本医疗保险费。

国家建立和完善新型农村合作医疗制度。新型农村合作医疗的管理办法，由国务院规定。

国家建立和完善城镇居民基本医疗保险制度。城镇居民基本医疗保险实行个人缴费和政府补贴相结合。享受最低生活保障的人、丧失劳动能力的残疾人、低收入家庭六十周岁以上的老年人和未成年人等所需个人缴费部分，由政府给予补贴。

职工基本医疗保险、新型农村合作医疗和城镇居民基本医疗保险的待遇标准按照国家规定执行。

参加职工基本医疗保险的个人，达到法定退休年龄时累计缴费达到国家规定年限的，退休后不再缴纳基本医疗保险费，按照国家规定享受基本医疗保险待遇；未达到国家规定年限的，可以缴费至国家规定年限。

符合基本医疗保险药品目录、诊疗项目、医疗服务设施标准以及急诊、抢救的医疗费用，按照国家规定从基本医疗保险基金中支付。

参保人员医疗费用中应当由基本医疗保险基金支付的部

分，由社会保险经办机构与医疗机构、药品经营单位直接结算。

社会保险行政部门和卫生行政部门应当建立异地就医医疗费用结算制度，方便参保人员享受基本医疗保险待遇。

下列医疗费用不纳入基本医疗保险基金支付范围：

1）应当从工伤保险基金中支付的；

2）应当由第三人负担的；

3）应当由公共卫生负担的；

4）在境外就医的。

医疗费用依法应当由第三人负担，第三人不支付或者无法确定第三人的，由基本医疗保险基金先行支付。基本医疗保险基金先行支付后，有权向第三人追偿。

社会保险经办机构根据管理服务的需要，可以与医疗机构、药品经营单位签订服务协议，规范医疗服务行为。医疗机构应当为参保人员提供合理、必要的医疗服务。

个人跨统筹地区就业的，其基本医疗保险关系随本人转移，缴费年限累计计算。

3. 对工伤保险的有关规定

《社会保险法》在第四章工伤保险中规定，职工应当参加工伤保险，由用人单位缴纳工伤保险费，职工不缴纳工伤保险费。

国家根据不同行业的工伤风险程度确定行业的差别费率，并根据使用工伤保险基金、工伤发生率等情况在每个行业内确定费率档次。行业差别费率和行业内费率档次由国务院社会保险行政部门制定，报国务院批准后公布施行。社会保险经办机构根据用人单位使用工伤保险基金、工伤发生率和所属行业费率档次等情况，确定用人单位缴费费率。

用人单位应当按照本单位职工工资总额，根据社会保险经办机构确定的费率缴纳工伤保险费。

职工因工作原因受到事故伤害或者患职业病，且经工伤认定的，享受工伤保险待遇；其中，经劳动能力鉴定丧失劳动能力的，享受伤残待遇。工伤认定和劳动能力鉴定应当简捷、方便。

职工因下列情形之一导致本人在工作中伤亡的，不认定为工伤：

1）故意犯罪；

2）醉酒或者吸毒；

3）自残或者自杀；

4）法律、行政法规规定的其他情形。

因工伤发生的下列费用，按照国家规定从工伤保险基金中支付：

1）治疗工伤的医疗费用和康复费用；

2）住院伙食补助费；

3）到统筹地区以外就医的交通食宿费；

4）安装配置伤残辅助器具所需费用；

5）生活不能自理的，经劳动能力鉴定委员会确认的生活护理费；

6）一次性伤残补助金和一至四级伤残职工按月领取的伤残津贴；

7）终止或者解除劳动合同时，应当享受的一次性医疗补助金；

8）因工死亡的，其遗属领取的丧葬补助金、供养亲属抚恤金和因工死亡补助金；

9）劳动能力鉴定费。

因工伤发生的下列费用，按照国家规定由用人单位支付：

1）治疗工伤期间的工资福利；

2）五级、六级伤残职工按月领取的伤残津贴；

3）终止或者解除劳动合同时，应当享受的一次性伤残就业补助金。

工伤职工符合领取基本养老金条件的，停发伤残津贴，享受基本养老保险待遇。基本养老保险待遇低于伤残津贴的，从工伤保险基金中补足差额。

职工所在用人单位未依法缴纳工伤保险费，发生工伤事故的，由用人单位支付工伤保险待遇。用人单位不支付的，从工伤保险基金中先行支付。从工伤保险基金中先行支付的工伤保险待遇应当由用人单位偿还。用人单位不偿还的，社会保险经办机构可以依照《社会保险法》第六十三条的规定追偿。

由于第三人的原因造成工伤，第三人不支付工伤医疗费用或者无法确定第三人的，由工伤保险基金先行支付。工伤保险基金先行支付后，有权向第三人追偿。

工伤职工有下列情形之一的，停止享受工伤保险待遇：

1）丧失享受待遇条件的；

2）拒不接受劳动能力鉴定的；

3）拒绝治疗的。

4．对失业保险的有关规定

《社会保险法》在第五章失业保险中规定，职工应当参加失业保险，由用人单位和职工按照国家规定共同缴纳失业保险费。

失业人员符合下列条件的，从失业保险基金中领取失业保险金：

1）失业前用人单位和本人已经缴纳失业保险费满一年的；

2）非因本人意愿中断就业的；

3）已经进行失业登记，并有求职要求的。

失业人员失业前用人单位和本人累计缴费满一年不足五年的，领取失业保险金的期限最长为十二个月；累计缴费满五年不足十年的，领取失业保险金的期限最长为十八个月；累计缴费十年以上的，领取失业保险金的期限最长为二十四个月。重新就业后，再次失业的，缴费时间重新计算，领取失业保险金的期限与前次失业应当领取而尚未领取的失业保险金的期限合并计算，最长不超过二十四个月。

失业保险金的标准，由省、自治区、直辖市人民政府确定，不得低于城市居民最低生活保障标准。

失业人员在领取失业保险金期间，参加职工基本医疗保险，享受基本医疗保险待遇。失业人员应当缴纳的基本医疗保险费从失业保险基金中支付，个人不缴纳基本医疗保险费。

失业人员在领取失业保险金期间死亡的，参照当地对在职职工死亡的规定，向其遗属发给一次性丧葬补助金和抚恤金。所需资金从失业保险基金中支付。

个人死亡同时符合领取基本养老保险丧葬补助金、工伤保险丧葬补助金和失业保险丧葬补助金条件的，其遗属只能选择领取其中的一项。

用人单位应当及时为失业人员出具终止或者解除劳动关系的证明，并将失业人员的名单自终止或者解除劳动关系之日起十五日内告知社会保险经办机构。

失业人员应当持本单位为其出具的终止或者解除劳动关系的证明，及时到指定的公共就业服务机构办理失业登记。

失业人员凭失业登记证明和个人身份证明，到社会保险经办机构办理领取失业保险金的手续。失业保险金领取期限自办理失业登记之日起计算。

失业人员在领取失业保险金期间有下列情形之一的，停止领取失业保险金，并同时停止享受其他失业保险待遇：

1）重新就业的；

2）应征服兵役的；

3）移居境外的；

4）享受基本养老保险待遇的；

5）无正当理由，拒不接受当地人民政府指定部门或者机构介绍的适当工作或者提供的培训的。

职工跨统筹地区就业的，其失业保险关系随本人转移，缴费年限累计计算。

5．对生育保险的有关规定

《社会保险法》在第六章生育保险中规定，职工应当参加生育保险，由用人单位按照国家规定缴纳生育保险费，职工不缴纳生育保险费。

用人单位已经缴纳生育保险费的，其职工享受生育保险待遇；职工未就业配偶按照国家规定享受生育医疗费用待遇。所需资金从生育保险基金中支付。生育保险待遇包括生育医疗费用和生育津贴。

生育医疗费用包括下列各项:

1）生育的医疗费用;

2）计划生育的医疗费用;

3）法律、法规规定的其他项目费用。

职工有下列情形之一的，可以按照国家规定享受生育津贴:

1）女职工生育享受产假;

2）享受计划生育手术休假;

3）法律、法规规定的其他情形。

生育津贴按照职工所在用人单位上年度职工月平均工资计发。

6. 对社会保险相关事项的有关规定

《社会保险法》在第七章社会保险费征缴，第八章社会保险基金，第九章社会保险经办，第十章社会保险监督，第十一章法律责任，第十二章附则中，对社会保险的相关事项做了规定。有关规定有:

用人单位应当自用工之日起三十日内为其职工向社会保险经办机构申请办理社会保险登记。未办理社会保险登记的，由社会保险经办机构核定其应当缴纳的社会保险费。

自愿参加社会保险的无雇工的个体工商户、未在用人单位参加社会保险的非全日制从业人员以及其他灵活就业人员，应当向社会保险经办机构申请办理社会保险登记。

国家建立全国统一的个人社会保障号码。个人社会保障号码为公民身份号码。

社会保险基金包括基本养老保险基金、基本医疗保险基金、工伤保险基金、失业保险基金和生育保险基金。各项社会保险基金按照社会保险险种分别建账，分账核算，执行国家统一的会计制度。社会保险基金专款专用，任何组织和个人不得侵占或者挪用。

基本养老保险基金逐步实行全国统筹，其他社会保险基金逐步实行省级统筹，具体时间、步骤由国务院规定。

社会保险基金不得违规投资运营，不得用于平衡其他政府预算，不得用于兴建、改建办公场所和支付人员经费、运行费用、管理费用，或者违反法律、行政法规规定挪作其他用途。

社会保险经办机构应当定期向社会公布参加社会保险情况以及社会保险基金的收入、支出、结余和收益情况。

国家设立全国社会保障基金，由中央财政预算拨款以及国务院批准的其他方式筹集的资金构成，用于社会保障支出的补充、调剂。全国社会保障基金由全国社会保障基金管理运营机构负责管理运营，在保证安全的前提下实现保值增值。

全国社会保障基金应当定期向社会公布收支、管理和投资运营的情况。国务院财政部门、社会保险行政部门、审计机关对全国社会保障基金的收支、管理和投资运营情况实施监督。

社会保险经办机构应当及时为用人单位建立档案，完整、准确地记录参加社会保险的人员、缴费等社会保险数据，妥善保管登记、申报的原始凭证和支付结算的会计凭证。

社会保险经办机构应当及时、完整、准确地记录参加社会保险的个人缴费和用人单位为其缴费，以及享受社会保险待遇等个人权益记录，定期将个人权益记录单免费寄送本人。

用人单位和个人可以免费向社会保险经办机构查询、核对其缴费和享受社会保险待遇记录，要求社会保险经办机构提供社会保险咨询等相关服务。

任何组织或者个人有权对违反社会保险法律、法规的行为进行举报、投诉。

用人单位或者个人认为社会保险费征收机构的行为侵害自己合法权益的，可以依法申请行政复议或者提起行政诉讼。

用人单位或者个人对社会保险经办机构不依法办理社会保险登记、核定社会保险费、支付社会保险待遇、办理社会保险转移接续手续或者侵害其他社会保险权益的行为，可以依法申请行政复议或者提起行政诉讼。

个人与所在用人单位发生社会保险争议的，可以依法申请调解、仲裁，提起诉讼。用人单位侵害个人社会保险权益的，个人也可以要求社会保险行政部门或者社会保险费征收机构依法处理。

用人单位不办理社会保险登记的，由社会保险行政部门责令限期改正；逾期不改正的，对用人单位处应缴社会保险费数额一倍以上三倍以下的罚款，对其直接负责的主管人员和其他直接责任人员处五百元以上三千元以下的罚款。

用人单位拒不出具终止或者解除劳动关系证明的，依照《中华人民共和国劳动合同法》的规定处理。

用人单位未按时足额缴纳社会保险费的，由社会保险费征收机构责令限期缴纳或者补足，并自欠缴之日起，按日加收万分之五的滞纳金；逾期仍不缴纳的，由有关行政部门处欠缴数额一倍以上三倍以下的罚款。

以欺诈、伪造证明材料或者其他手段骗取社会保险待遇的，由社会保险行政部门责令退回骗取的社会保险金，处骗取金额二倍以上五倍以下的罚款。

进城务工的农村居民依照本法规定参加社会保险。

征收农村集体所有的土地，应当足额安排被征地农民的社会保险费，按照国务院规定将被征地农民纳入相应的社会保险制度。

二 《中华人民共和国劳动合同法》相关知识点

《中华人民共和国劳动合同法》由中华人民共和国第十届全国人民代表大会常务委员会第二十八次会议于 2007 年 6 月 29 日通过，自 2008 年 1 月 1 日起施行。

《劳动合同法》分为八章九十八条，各章内容为：第一章总则，第二章劳动合同的订立，第三章劳动合同的履行和变更，第四章劳动合同的解除和终止，第五章特别规定（有关集体合同、劳务派遣、非全日制用工的规定），第六章监督检查，第七章法律责任，第八章附则。制定该法的目的，是为了完善劳动合同制度，明确劳动合同双方当事人的权利和义务，保护劳动者的合法权益，构建和发展和谐稳定的劳动关系。该法适用于中华人民共和国境内的企业、个体经济组织、民办非企业单位等组织（称用人单位）与劳动者建立劳动关系，订立、履行、变更、解除或者终止劳动合同。国家机关、事业单位、社会团体和与其建立劳动关系的劳动者，订立、履行、变更、解除或者终止劳动合同，依照该法执行。

《劳动合同法》第三条规定：订立劳动合同，应当遵循合法、公平、平等自愿、协商一致、诚实信用的原则。依法订立的劳动合同具有约束力，用人单位与劳动者应当履行劳动合同约定的义务。第四条规定：用人单位应当依法建立和完善劳动规章制度，保障劳动者享有劳动权利、履行劳动义务。用人单位在制定、修改或者决定有关劳动报酬、工作时间、休息休假、劳动安全卫生、保险福利、职工培训、劳动纪律以及劳动定额管理等直接涉及劳动者切身利益的规章制度或者重大事项时，应当经职工代表大会或者全体职工讨论，提出方案和意见，与工会或者职工代表平等协商确定。用人单位应当将直接涉及劳动者切身利益的规章制度和重大事项决定公示，或者告知劳动者。

1. 对劳动合同订立的有关规定

《劳动合同法》规定：用人单位自用工之日起即与劳动者建立劳动关系。用人单位应当建立职工名册备查。用人单位招用劳动者时，应当如实告知劳动者工作内容、工作条件、工作地点、职业危害、安全生产状况、劳动报酬，以及劳动者要求了解的其他情况；用人单位有权了解劳动者与劳动合同直接相关的基本情况，劳动者应当如实说明。用人单位招用劳动者，不得扣押劳动者的居民身份证和其他证件，不得要求劳动者提供担保或者以其他名义向劳动者收取财物。

2. 对劳动合同的有关规定

《劳动合同法》规定：建立劳动关系，应当订立书面劳动合同。用人单位与劳动者在用工前订立劳动合同的，劳动关系自用工之日起建立。劳动合同分为固定期限劳动合同、无固定期限劳动合同和以完成一定工作任务为期限的劳动合同。

固定期限劳动合同，是指用人单位与劳动者约定合同终止时间的劳动合同。用人单位与劳动者协商一致，可以订立固定期限劳动合同。无固定期限劳动合同，是指用人单位与劳动者约定无确定终止时间的劳动合同。用人单位与劳动者协商一致，可以订立无固定期限劳动合同。

劳动合同应当具备以下条款：

1）用人单位的名称、住所和法定代表人或者主要负责人；

2）劳动者的姓名、住址和居民身份证或者其他有效身份证件号码；

3）劳动合同期限；

4）工作内容和工作地点；

5）工作时间和休息休假；

6）劳动报酬；

7）社会保险；

8）劳动保护、劳动条件和职业危害防护；

9）法律、法规规定应当纳入劳动合同的其他事项。

劳动合同除上述规定的必备条款外，用人单位与劳动者可以约定试用期、培训、保守秘密、补充保险和福利待遇等其他事项。

劳动者在试用期的工资不得低于本单位相同岗位最低档工资或者劳动合同约定工资的百分之八十，并不得低于用人单位所在地的最低工资标准。

《劳动合同法》还规定：下列劳动合同无效或者部分无效：

1）以欺诈、胁迫的手段或者乘人之危，使对方在违背真实意思的情况下订立或者变更劳动合同的；

2）用人单位免除自己的法定责任、排除劳动者权利的；

3）违反法律、行政法规强制性规定的。

对劳动合同的无效或者部分无效有争议的，由劳动争议仲裁机构或者人民法院确认。

3. 对劳动合同履行和变更的有关规定

《劳动合同法》规定：用人单位与劳动者应当按照劳动合同的约定，全面履行各自的义务。用人单位应当按照劳动合同约定和国家规定，向劳动者及时足额支付劳动报酬。用人单位拖欠或者未足额支付劳动报酬的，劳动者可以依法向当地人民法院申请支付令，人民法院应当依法发出支付令。

《劳动合同法》还规定：用人单位应当严格执行劳动定额标准，不得强迫或者变相强迫劳动者加班。用人单位安排加班的，应当按照国家有关规定向劳动者支付加班费。

劳动者拒绝用人单位管理人员违章指挥、强令冒险作业的，不视为违反劳动合同。

劳动者对危害生命安全和身体健康的劳动条件，有权对用人单位提出批评、检举和控告。

4. 对劳动合同解除和终止的有关规定

《劳动合同法》规定：用人单位与劳动者协商一致，可以解除劳动合同。劳动者提前三十日以书面形式通知用人单位，可以解除劳动合同。劳动者在试用期内提前三日通知用人单位，可以解除劳动合同。

用人单位有下列情形之一的，劳动者可以解除劳动合同：

1）未按照劳动合同约定提供劳动保护或者劳动条件的；

2）未及时足额支付劳动报酬的；

3）未依法为劳动者缴纳社会保险费的；

4）用人单位的规章制度违反法律、法规的规定，损害劳动者权益的；

5）以欺诈、胁迫的手段或者乘人之危，使对方在违背真实意思的情况下订立或者变更劳动合同的；

6）法律、行政法规规定劳动者可以解除劳动合同的其他情形。

用人单位以暴力、威胁或者非法限制人身自由的手段强迫劳动者劳动的，或者用人单位违章指挥、强令冒险作业危及劳动者人身安全的，劳动者可以立即解除劳动合同，不需事先告知用人单位。

劳动者有下列情形之一的，用人单位可以解除劳动合同：

1）在试用期间被证明不符合录用条件的；

2）严重违反用人单位的规章制度的；

3）严重失职，营私舞弊，给用人单位造成重大损害的；

4）劳动者同时与其他用人单位建立劳动关系，对完成本单位的工作任务造成严重影响，或者经用人单位提出，拒不改正的；

5）以欺诈、胁迫的手段或者乘人之危，使对方在违背真实意思的情况下订立或者变更劳动合同的；

6）被依法追究刑事责任的。

劳动者有下列情形之一的，用人单位不得解除劳动合同：

1）从事接触职业病危害作业的劳动者未进行离岗前职业健康检查，或者疑似职业病病人在诊断或者医学观察期间的；

2）在本单位患职业病或者因工负伤并被确认丧失或者部分丧失劳动能力的；

3）患病或者非因工负伤，在规定的医疗期内的；

4）女职工在孕期、产期、哺乳期的；

5）在本单位连续工作满十五年，且距法定退休年龄不足五年的；

6）法律、行政法规规定的其他情形。

5. 对劳务派遣有关规定

《劳动合同法》规定：劳务派遣单位跨地区派遣劳动者的，被派遣劳动者享有的劳动报酬和劳动条件，按照用工单位所在地的标准执行。

用工单位应当履行下列义务：

1）执行国家劳动标准，提供相应的劳动条件和劳动保护；

2）告知被派遣劳动者的工作要求和劳动报酬；

3）支付加班费、绩效奖金，提供与工作岗位相关的福利待遇；

4）对在岗被派遣劳动者进行工作岗位所必需的培训；

5）连续用工的，实行正常的工资调整机制。

用工单位不得将被派遣劳动者再派遣到其他用人单位。

6. 对监督检查的有关规定

《劳动合同法》规定：劳动者合法权益受到侵害的，有权要求有关部门依法处理，或者依法申请仲裁、提起诉讼。

工会依法维护劳动者的合法权益，对用人单位履行劳动合同、集体合同的情况进行监督。用人单位违反劳动法律、法规和劳动合同、集体合同的，工会有权提出意见或者要求纠正；劳动者申请仲裁、提起诉讼的，工会依法给予支持和帮助。

任何组织或者个人对违反本法的行为都有权举报，县级以上人民政府劳动行政部门应当及时核实、处理，并对举报有功人员给予奖励。

《劳动合同法》还规定：用人单位有下列情形之一的，依法给予行政处罚；构成犯罪的，依法追究刑事责任；给劳动者造成损害的，应当承担赔偿责任：

1）以暴力、威胁或者非法限制人身自由的手段强迫劳动的；

2）违章指挥或者强令冒险作业危及劳动者人身安全的；

3）侮辱、体罚、殴打、非法搜查或者拘禁劳动者的；

4）劳动条件恶劣、环境污染严重，给劳动者身心健康造成严重损害的。

三 《工伤保险条例》相关知识点

《工伤保险条例》于 2004 年 1 月 1 日起施行。2010 年 12 月 8 日，国务院常务会议决定对《工伤保险条例》做出修改，新条例自 2011 年 1 月 1 日起实施。

《工伤保险条例》分为八章六十七条，各章内容为：第一章总则，第二章工伤保险基金，第三章工伤认定，第四章劳动能力鉴定，第五章工伤保险待遇，第六章监督管理，第七章法律责任，第八章附则。

制定《工伤保险条例》的目的，是为了保障因工作遭受事故伤害或者患职业病的职工获得医疗救治和经济补偿，促进工伤预防和职业康复，分散用人单位的工伤风险。

中华人民共和国境内的企业、事业单位、社会团体、民办非企业单位、基金会、律师事务所、会计师事务所等组织和有雇工的个体工商户（以下称用人单位）应当依照该条例规定参加工伤保险，为本单位全部职工或者雇工（以下称职工）缴纳工伤保险费。

上述用人单位的职工和个体工商户的雇工，均有依照该条例的规定享受工伤保险待遇的权利。

《工伤保险条例》还规定：用人单位应当将参加工伤保险的有关情况在本单位内公示。用人单位和职工应当遵守有关安全生产和职业病防治的法律法规，执行安全卫生规程和标准，预防工伤事故发生，避免和减少职业病危害。职工发生工伤时，用人单位应当采取措施使工伤职工得到及时救治。

1.《工伤保险条例》的出台背景与意义

工伤保险是社会保险制度的重要组成部分，也是社会保障体系的基本制度之一。1996 年，原劳动部根据《中华人民共和国劳动法》的有关规定发布了《企业职工工伤保险试行办法》，基本确立了工伤保险制度的框架，并在全国逐步推开，到 2000 年我国工伤保险覆盖率已达到了 42%。工伤保险制度的建立，对于维护因工伤残职工的合法权益，保证他们的基本生活，维护社会稳定，减轻企业负担，发挥了非常重要的作用。

2003 年 4 月 27 日，国务院公布《工伤保险条例》（国务院令第 375 号），自 2004 年 1 月 1 日起执行。《工伤保险条例》规定中华人民共和国境内的各类企业、有雇工的个体工商户（以下称用人单位）应当依照本条例规定参加工伤保险，为本单位全部职工或者雇工（以下称职工）缴纳工伤保险费。

《工伤保险条例》自 2004 年 1 月 1 日施行以来，对维护工伤职工的合法权益，分散用人单位的工伤风险，规范和推进工伤保险工作，发挥了积极作用。全国参加工伤保险的职工由条例实施前的 4 575 万人增至 2010 年 9 月的 1.58 亿人，其中农民工 6 131 万人；条例实施至 2009 年底，认定工伤 420 万人，享受工伤医疗待遇 1 080 万人次，享受伤残津贴和工亡抚恤待遇 434 万人。条例实施至 2010 年 9 月，工伤保险基金累计收入 1 089 亿元，累计支出 649 亿元，累计结余 440 亿元。

随着经济社会的发展，工伤保险制度面临一些新情况、新问题，例如：事业单位、社会团体、民办非企业单位等组织的职工工伤政策不明确；工伤认定范围不够合理；工伤认定、鉴定和争议处理程序复杂、时间冗长；一次性工亡补助金和一次性伤残补助金标准偏低等，这些问题都需要从制度层面加以解决、完善。对此，2010年12月8日，国务院第136次常务会议通过《关于修改〈工伤保险条例〉的决定》，新修订的《工伤保险条例》自2011年1月1日起施行。

修改后的《工伤保险条例》，针对目前社会上关于工伤认定、鉴定和争议处理程序复杂、时间过长的反映比较大，决定在简化程序方面采取多项新措施：一是扩大了工伤保险的适用范围，调整了工伤认定范围；二是增加了工伤认定简易程序，规定对事实清楚、权利义务明确的工伤认定申请，应当在15日内作出工伤认定决定；三是明确了再次鉴定和复查鉴定的时限按照初次鉴定的时限执行；四是取消了行政复议前置程序，规定发生工伤争议的，有关单位或者个人可以依法申请行政复议，也可以直接依法向人民法院提起行政诉讼；五是提高了部分工伤待遇标准；六是减少了由用人单位支付的待遇项目、增加了由工伤保险基金支付的待遇项目等。

修改后的《工伤保险条例》有两个重要调整，一是对工伤认定范围作了调整，扩大了上下班途中的工伤认定范围，将上下班途中的机动车和非机动车事故伤害，以及轨道交通、轮渡、火车事故伤害都纳入了工伤认定范围，同时作了“非本人主要责任”的限定；删除了职工因过失犯罪、违反治安管理行为导致事故伤害不得认定为工伤的规定，增加了因吸毒导致事故伤害不得认定为工伤的规定。二是工亡补偿金作了调整，实现全国“同命同价”。目前全国一次性工亡补助最低地区为三四万元，全国平均为10.24万元，新的《工伤保险条例》将一次性工亡补助金标准调整为上一年度全国城镇居民可支配收入的20倍。以2009年数据计算，约为34万元，不但大幅提高，而且实现全国“同命同价”。

2. 有关工伤保险基金的规定

《工伤保险条例》在第二章工伤保险基金中规定，工伤保险基金由用人单位缴纳的工伤保险费、工伤保险基金的利息和依法纳入工伤保险基金的其他资金构成。

工伤保险费根据以支定收、收支平衡的原则，确定费率。国家根据不同行业的工伤风险程度确定行业的差别费率，并根据工伤保险费使用、工伤发生率等情况在每个行业内确定若干费率档次。行业差别费率及行业内费率档次由国务院社会保险行政部门制定，报国务院批准后公布施行。

统筹地区经办机构根据用人单位工伤保险费使用、工伤发生率等情况，适用所属行业内相应的费率档次确定单位缴费费率。

用人单位应当按时缴纳工伤保险费。职工个人不缴纳工伤保险费。用人单位缴纳工伤保险费的数额为本单位职工工资总额乘以单位缴费费率之积。对难以按照工资总额缴纳工伤保险费的行业，其缴纳工伤保险费的具体方式，由国务院社会保险行政部门规定。

工伤保险基金逐步实行省级统筹。跨地区、生产流动性较大的行业，可以采取相对集中的方式异地参加统筹地区的工伤保险。具体办法由国务院社会保险行政部门会同有关行业的主管部门制定。

3. 有关工伤认定的规定

《工伤保险条例》在第三章工伤认定中规定，职工有下列情形之一的，应当认定为工伤：

1）在工作时间和工作场所内，因工作原因受到事故伤害的；

2）工作时间前后在工作场所内，从事与工作有关的预备性或者收尾性工作受到事故伤害的；

3）在工作时间和工作场所内，因履行工作职责受到暴力等意外伤害的；

4）患职业病的；

5）因工外出期间，由于工作原因受到伤害或者发生事故下落不明的；

6）在上下班途中，受到非本人主要责任的交通事故或者城市轨道交通、客运轮渡、火车事故伤害的；

7）法律、行政法规规定应当认定为工伤的其他情形。

职工有下列情形之一的，视同工伤：

1）在工作时间和工作岗位，突发疾病死亡或者在 48 小时之内经抢救无效死亡的；

2）在抢险救灾等维护国家利益、公共利益活动中受到伤害的；

3）职工原在军队服役，因战、因公负伤致残，已取得革命伤残军人证，到用人单位后旧伤复发的。

职工有下列情形之一的，不得认定为工伤或者视同工伤：

1）故意犯罪的；

2）醉酒或者吸毒的；

3）自残或者自杀的。

职工发生事故伤害或者按照职业病防治法规定被诊断、鉴定为职业病，所在单位应当自事故伤害发生之日或者被诊断、鉴定为职业病之日起 30 日内，向统筹地区社会保险行政部门提出工伤认定申请。遇有特殊情况，经报社会保险行政部门同意，申请时限可以适当延长。

用人单位未按前款规定提出工伤认定申请的，工伤职工或者其近亲属、工会组织在事故伤害发生之日或者被诊断、鉴定为职业病之日起 1 年内，可以直接向用人单位所在地统筹地区社会保险行政部门提出工伤认定申请。

用人单位未在规定的时限内提交工伤认定申请，在此期间发生符合本条例规定的工伤待遇等有关费用由该用人单位负担。

提出工伤认定申请应当提交下列材料：

1）工伤认定申请表；

2）与用人单位存在劳动关系（包括事实劳动关系）的证明材料；

3）医疗诊断证明或者职业病诊断证明书（或者职业病诊断鉴定书）。

工伤认定申请表应当包括事故发生的时间、地点、原因以及职工伤害程度等基本情况。

工伤认定申请人提供材料不完整的，社会保险行政部门应当一次性书面告知工伤认定申请人需要补正的全部材料。申请人按照书面告知要求补正材料后，社会保险行政部门应当受理。

社会保险行政部门受理工伤认定申请后，根据审核需要可以对事故伤害进行调查核实，用人单位、职工、工会组织、医疗机构以及有关部门应当予以协助。职业病诊断和诊断争议的鉴定，依照职业病防治法的有关规定执行。对依法取得职业病诊断证明书或者职业病诊断鉴定书的，社会保险行政部门不再进行调查核实。职工或者其近亲属认为是工伤，用人单位不认为是工伤的，由用人单位承担举证责任。

社会保险行政部门应当自受理工伤认定申请之日起60日内作出工伤认定的决定，并书面通知申请工伤认定的职工或者其近亲属和该职工所在单位。社会保险行政部门对受理的事实清楚、权利义务明确的工伤认定申请，应当在15日内作出工伤认定的决定。

4. 有关劳动能力鉴定的规定

《工伤保险条例》在第四章劳动能力鉴定中规定，职工发生工伤，经治疗伤情相对稳定后存在残疾、影响劳动能力的，应当进行劳动能力鉴定。劳动能力鉴定是指劳动功能障碍程度和生活自理障碍程度的等级鉴定。

劳动功能障碍分为十个伤残等级，最重的为一级，最轻的为十级。

生活自理障碍分为三个等级：生活完全不能自理、生活大部分不能自理和生活部分不能自理。

劳动能力鉴定标准由国务院社会保险行政部门会同国务院卫生行政部门等部门制定。

劳动能力鉴定由用人单位、工伤职工或者其近亲属向设区的市级劳动能力鉴定委员会提出申请，并提供工伤认定决定和职工工伤医疗的有关资料。

省、自治区、直辖市劳动能力鉴定委员会和设区的市级劳动能力鉴定委员会分别由省、自治区、直辖市和设区的市级社会保险行政部门、卫生行政部门、工会组织、经办机构代表以及用人单位代表组成。

劳动能力鉴定委员会建立医疗卫生专家库。列入专家库的医疗卫生专业技术人员应当具备下列条件：

1）具有医疗卫生高级专业技术职务任职资格；

2）掌握劳动能力鉴定的相关知识；

3）具有良好的职业品德。

设区的市级劳动能力鉴定委员会收到劳动能力鉴定申请后，应当从其建立的医疗卫生专家库中随机抽取3名或者5名相关专家组成专家组，由专家组提出鉴定意见。设区的市级劳动能力鉴定委员会根据专家组的鉴定意见作出工伤职工劳动能力鉴定结论；必要时，可以委托具备资格的医疗机构协助进行有关的诊断。

设区的市级劳动能力鉴定委员会应当自收到劳动能力鉴定申请之日起60日内作出劳动能力鉴定结论，必要时，作出劳动能力鉴定结论的期限可以延长30日。劳动能力鉴定结论应当及时送达申请鉴定的单位和个人。

申请鉴定的单位或者个人对设区的市级劳动能力鉴定委员会作出的鉴定结论不服的，可以在收到该鉴定结论之日起15日内向省、自治区、直辖市劳动能力鉴定委员会提出再次鉴定申请。省、自治区、直辖市劳动能力鉴定委员会作出的劳动能力鉴定结论为最终结论。

劳动能力鉴定工作应当客观、公正。劳动能力鉴定委员会组成人员或者参加鉴定的专家与当事人有利害关系的，应当回避。

自劳动能力鉴定结论作出之日起 1 年后，工伤职工或者其近亲属、所在单位或者经办机构认为伤残情况发生变化的，可以申请劳动能力复查鉴定。

5. 有关工伤保险待遇的规定

《工伤保险条例》在第五章工伤保险待遇中规定，职工因工作遭受事故伤害或者患职业病进行治疗，享受工伤医疗待遇。职工治疗工伤应当在签订服务协议的医疗机构就医，情况紧急时可以先到就近的医疗机构急救。

治疗工伤所需费用符合工伤保险诊疗项目目录、工伤保险药品目录、工伤保险住院服务标准的，从工伤保险基金支付。工伤保险诊疗项目目录、工伤保险药品目录、工伤保险住院服务标准，由国务院社会保险行政部门会同国务院卫生行政部门、食品药品监督管理部门等部门规定。

职工住院治疗工伤的伙食补助费，以及经医疗机构出具证明，报经办机构同意，工伤职工到统筹地区以外就医所需的交通、食宿费用从工伤保险基金支付，基金支付的具体标准由统筹地区人民政府规定。

工伤职工治疗非工伤引发的疾病，不享受工伤医疗待遇，按照基本医疗保险办法处理。

工伤职工到签订服务协议的医疗机构进行工伤康复的费用，符合规定的，从工伤保险基金支付。

工伤职工因日常生活或者就业需要，经劳动能力鉴定委员会确认，可以安装假肢、矫形器、假眼、假牙和配置轮椅等辅助器具，所需费用按照国家规定的标准从工伤保险基金支付。

职工因工作遭受事故伤害或者患职业病需要暂停工作接受工伤医疗的，在停工留薪期内，原工资福利待遇不变，由所在单位按月支付。

停工留薪期一般不超过 12 个月。伤情严重或者情况特殊，经设区的市级劳动能力鉴定委员会确认，可以适当延长，但延长不得超过 12 个月。工伤职工评定伤残等级后，停发原待遇，按照本章的有关规定享受伤残待遇。工伤职工在停工留薪期满后仍需治疗的，继续享受工伤医疗待遇。生活不能自理的工伤职工在停工留薪期需要护理的，由所在单位负责。

工伤职工已经评定伤残等级并经劳动能力鉴定委员会确认需要生活护理的，从工伤保险基金按月支付生活护理费。生活护理费按照生活完全不能自理、生活大部分不能自理或者生活部分不能自理 3 个不同等级支付，其标准分别为统筹地区上年度职工月平均工资的 50%、40% 或者 30%。

职工因工致残被鉴定为一级至四级伤残的，保留劳动关系，退出工作岗位，享受以下待遇：

1）从工伤保险基金按伤残等级支付一次性伤残补助金，标准为：一级伤残为 27 个月的本人工资，二级伤残为 25 个月的本人工资，三级伤残为 23 个月的本人工资，四级伤残为 21 个月的本人工资；

2）从工伤保险基金按月支付伤残津贴，标准为：一级伤残为本人工资的 90%，二级伤残为本人工资的 85%，三级伤残为本人工资的 80%，四级伤残为本人工资的 75%。伤残津贴实际金额低于当地最低工资标准的，由工伤保险基金补足差额；

3）工伤职工达到退休年龄并办理退休手续后，停发伤残津贴，按照国家有关规定享受基本养老保险待遇。基本养老保险待遇低于伤残津贴的，由工伤保险基金补足差额。

职工因工致残被鉴定为一级至四级伤残的，由用人单位和职工个人以伤残津贴为基数，缴纳基本医疗保险费。

职工因工致残被鉴定为五级、六级伤残的，享受以下待遇：

1）从工伤保险基金按伤残等级支付一次性伤残补助金，标准为：五级伤残为18个月的本人工资，六级伤残为16个月的本人工资。

2）保留与用人单位的劳动关系，由用人单位安排适当工作。难以安排工作的，由用人单位按月发给伤残津贴，标准为：五级伤残为本人工资的70%，六级伤残为本人工资的60%，并由用人单位按照规定为其缴纳应缴纳的各项社会保险费。伤残津贴实际金额低于当地最低工资标准的，由用人单位补足差额。

经工伤职工本人提出，该职工可以与用人单位解除或者终止劳动关系，由工伤保险基金支付一次性工伤医疗补助金，由用人单位支付一次性伤残就业补助金。一次性工伤医疗补助金和一次性伤残就业补助金的具体标准由省、自治区、直辖市人民政府规定。

职工因工致残被鉴定为七级至十级伤残的，享受以下待遇：

1）从工伤保险基金按伤残等级支付一次性伤残补助金，标准为：七级伤残为13个月的本人工资，八级伤残为

11个月的本人工资，九级伤残为9个月的本人工资，十级伤残为7个月的本人工资；

2）劳动、聘用合同期满终止，或者职工本人提出解除劳动、聘用合同的，由工伤保险基金支付一次性工伤医疗补助金，由用人单位支付一次性伤残就业补助金。一次性工伤医疗补助金和一次性伤残就业补助金的具体标准由省、自治区、直辖市人民政府规定。

职工因工死亡，其近亲属按照下列规定从工伤保险基金领取丧葬补助金、供养亲属抚恤金和一次性工亡补助金：

1）丧葬补助金为6个月的统筹地区上年度职工月平均工资；

2）供养亲属抚恤金按照职工本人工资的一定比例发给由因工死亡职工生前提供主要生活来源、无劳动能力的亲属。标准为：配偶每月40%，其他亲属每人每月30%，孤寡老人或者孤儿每人每月在上述标准的基础上增加10%。核定的各供养亲属的抚恤金之和不应高于因工死亡职工生前的工资。供养亲属的具体范围由国务院社会保险行政部门规定；

3）一次性工亡补助金标准为上一年度全国城镇居民人均可支配收入的20倍。

职工因工外出期间发生事故或者在抢险救灾中下落不明的，从事故发生当月起3个月内照发工资，从第4个月起停发工资，由工伤保险基金向其供养亲属按月支付供养亲属抚恤金。生活有困难的，可以预支一次性工亡补助金的50%。职工被人民法院宣告死亡的，按照该条例第三十九条职工因工死亡的规定处理。

工伤职工有下列情形之一的，停止享受工伤保险待遇：

1）丧失享受待遇条件的；

2）拒不接受劳动能力鉴定的；

3）拒绝治疗的。

用人单位分立、合并、转让的，承继单位应当承担原用人单位的工伤保险责任；原用人单位已经参加工伤保险的，承继单位应当到当地经办机构办理工伤保险变更登记。用人单位实行承包经营的，工伤保险责任由职工劳动关系所在单位承担。职工被借调期间受到工伤事故伤害的，由原用人单位承担工伤保险责任，但原用人单位与借调单位可以约定补偿办法。企业破产的，在破产清算时依法拨付应当由单位支付的工伤保险待遇费用。

职工被派遣出境工作，依据前往国家或者地区的法律应当参加当地工伤保险的，参加当地工伤保险，其国内工伤保险关系中止；不能参加当地工伤保险的，其国内工伤保险关系不中止。

职工再次发生工伤，根据规定应当享受伤残津贴的，按照新认定的伤残等级享受伤残津贴待遇。

6．有关监督管理与法律责任的规定

《工伤保险条例》在第六章监督管理与第七章法律责任中，对相关事项做了规定。

经办机构具体承办工伤保险事务，履行下列职责：

1）根据省、自治区、直辖市人民政府规定，征收工伤保险费；

2）核查用人单位的工资总额和职工人数，办理工伤保险登记，并负责保存用人单位缴费和职工享受工伤保险待遇情况的记录；

3）进行工伤保险的调查、统计；

4）按照规定管理工伤保险基金的支出；

5）按照规定核定工伤保险待遇；

6）为工伤职工或者其近亲属免费提供咨询服务。

经办机构按照协议和国家有关目录、标准对工伤职工医疗费用、康复费用、辅助器具费用的使用情况进行核查，并按时足额结算费用。

经办机构应当定期公布工伤保险基金的收支情况，及时向社会保险行政部门提出调整费率的建议。

任何组织和个人对有关工伤保险的违法行为，有权举报。社会保险行政部门对举报应当及时调查，按照规定处理，并为举报人保密。

工会组织依法维护工伤职工的合法权益，对用人单位的工伤保险工作实行监督。

职工与用人单位发生工伤待遇方面的争议，按照处理劳动争议的有关规定处理。

有下列情形之一的，有关单位或者个人可以依法申请行政复议，也可以依法向人民法院提起行政诉讼：

1）申请工伤认定的职工或者其近亲属、该职工所在单位对工伤认定申请不予受理的决定不服的；

2）申请工伤认定的职工或者其近亲属、该职工所在单位对工伤认定结论不服的；

3）用人单位对经办机构确定的单位缴费费率不服的；

4）签订服务协议的医疗机构、辅助器具配置机构认为经办机构未履行有关协议或者规定的；

5）工伤职工或者其近亲属对经办机构核定的工伤保险待遇有异议的。

用人单位、工伤职工或者其近亲属骗取工伤保险待遇，医疗机构、辅助器具配置机构骗取工伤保险基金支出的，由社会保险行政部门责令退还，处骗取金额2倍以上5倍以下的罚款；情节严重，构成犯罪的，依法追究刑事责任。

用人单位依照本条例规定应当参加工伤保险而未参加的，由社会保险行政部门责令限期参加，补缴应当缴纳的工伤保险费，并自欠缴之日起，按日加收万分之五的滞纳金；逾期仍不缴纳的，处欠缴数额1倍以上3倍以下的罚款。

依照本条例规定应当参加工伤保险而未参加工伤保险的用人单位职工发生工伤的，由该用人单位按照本条例规定的工伤保险待遇项目和标准支付费用。

用人单位参加工伤保险并补缴应当缴纳的工伤保险费、滞纳金后，由工伤保险基金和用人单位依照本条例的规定支付新发生的费用。

四 《生产安全事故报告和调查处理条例》相关知识点

《生产安全事故报告和调查处理条例》（国务院令第493号）自2007年6月1日起施行。国务院1989年3月29日公布的《特别重大事故调查程序暂行规定》和1991年2月22日公布的《企业职工伤亡事故报告和处理规定》同时废止。

《生产安全事故报告和调查处理条例》分为六章四十六条，各章内容为：第一章总则，第二章事故报告，第三章事故调查，第四章事故处理，第五章法律责任，第六章附则。制定该条例的目的，是为了规范生产安全事故的报告和调查处理，落实生产安全事故责任追究制度，防止和减少生产安全事故。该条例适用于生产经营活动中发生的造成人身伤亡或者直接经济损失的生产安全事故的报告和调查处理。

1. 关于安全事故等级的有关规定

《生产安全事故报告和调查处理条例》规定：根据生产安全事故（以下简称事故）造成的人员伤亡或者直接经济损失，事故一般分为以下等级：

1）特别重大事故，是指造成30人以上死亡，或者100人以上重伤（包括急性工业中毒，下同），或者1亿元以上直接经济损失的事故；

2）重大事故，是指造成10人以上30人以下死亡，或者50人以上100人以下重伤，或者5 000万元以上1亿元以下直接经济损失的事故；

3）较大事故，是指造成3人以上10人以下死亡，或者10人以上50人以下重伤，或者1 000万元以上5 000万元以下直接经济损失的事故；

4）一般事故，是指造成3人以下死亡，或者10人以下重伤，或者1 000万元以下直接经济损失的事故。

《生产安全事故报告和调查处理条例》规定：事故报告应当及时、准确、完整，任何单位和个人对事故不得迟报、漏报、谎报或者瞒报。

事故调查处理应当坚持实事求是、尊重科学的原则，及时、准确地查清事故经过、事故原因和事故损失，查明事故性质，认定事故责任，总结事故教训，提出整改措施，并对事故责任者依法追究责任。任何单位和个人不得阻挠和干涉对事故的报告和依法调查处理。

2. 对事故报告的有关规定

《生产安全事故报告和调查处理条例》规定：事故发生后，事故现场有关人员应当立即向本单位负责人报告；单位负责人接到报告后，应当于 1 小时内向事故发生地县级以上人民政府安全生产监督管理部门和负有安全生产监督管理职责的有关部门报告。情况紧急时，事故现场有关人员可以直接向事故发生地县级以上人民政府安全生产监督管理部门和负有安全生产监督管理职责的有关部门报告。

安全生产监督管理部门和负有安全生产监督管理职责的有关部门接到事故报告后，应当依照下列规定上报事故情况，并通知公安机关、劳动保障行政部门、工会和人民检察院：

1）特别重大事故、重大事故逐级上报至国务院安全生产监督管理部门和负有安全生产监督管理职责的有关部门；

2）较大事故逐级上报至省、自治区、直辖市人民政府安全生产监督管理部门和负有安全生产监督管理职责的有关部门；

3）一般事故上报至设区的市级人民政府安全生产监督管理部门和负有安全生产监督管理职责的有关部门。

安全生产监督管理部门和负有安全生产监督管理职责的有关部门依照前款规定上报事故情况，应当同时报告本级人民政府。国务院安全生产监督管理部门和负有安全生产监督管理职责的有关部门以及省级人民政府接到发生特别重大事故、重大事故的报告后，应当立即报告国务院。必要时，安全生产监督管理部门和负有安全生产监督管理职责的有关部门可以越级上报事故情况。

安全生产监督管理部门和负有安全生产监督管理职责的有关部门逐级上报事故情况，每级上报的时间不得超过2小时。

3. 对报告事故内容的有关规定

《生产安全事故报告和调查处理条例》规定：报告事故应当包括下列内容：

1）事故发生单位概况；

2）事故发生的时间、地点以及事故现场情况；

3）事故的简要经过；

4）事故已经造成或者可能造成的伤亡人数（包括下落不明的人数）和初步估计的直接经济损失；

5）已经采取的措施；

6）其他应当报告的情况。

事故报告后出现新情况的，应当及时补报。

《生产安全事故报告和调查处理条例》还规定：事故发生单位负责人接到事故报告后，应当立即启动事故相应应急预案，或者采取有效措施，组织抢救，防止事故扩大，减少人员伤亡和财产损失。

事故发生地有关地方人民政府、安全生产监督管理部门和负有安全生产监督管理职责的有关部门接到事故报告后，其负责人应当立即赶赴事故现场，组织事故救援。

事故发生后，有关单位和人员应当妥善保护事故现场以及相关证据，任何单位和个人不得破坏事故现场、毁灭相关证据。因抢救人员、防止事故扩大以及疏通交通等原因，需要移动事故现场物件的，应当做出标志，绘制现场简图并做出书面记录，妥善保存现场重要痕迹、物证。

4. 对事故调查的有关规定

《生产安全事故报告和调查处理条例》规定：特别重大事故由国务院或者国务院授权有关部门组织事故调查组进行调查。重大事故、较大事故、一般事故分别由事故发生地省级人民政府、设区的市级人民政府、县级人民政府负责调查。省级人民政府、设区的市级人民政府、县级人民政府可以直接组织事故调查组进行调查，也可以授权或者委托有关部门组织事故调查组进行调查。未造成人员伤亡的一般事故，县级人民政府也可以委托事故发生单位组织事故调查组进行调查。

事故调查组履行下列职责：

1）查明事故发生的经过、原因、人员伤亡情况及直接经济损失；

2）认定事故的性质和事故责任；

3）提出对事故责任者的处理建议；

4）总结事故教训，提出防范和整改措施；

5）提交事故调查报告。

《生产安全事故报告和调查处理条例》规定：事故调查组有权向有关单位和个人了解与事故有关的情况，并要求其提供相关文件、资料，有关单位和个人不得拒绝。事故发生单位的负责人和有关人员在事故调查期间不得擅离职守，并应当随时接受事故调查组的询问，如实提供有关情况。事故调查中发现涉嫌犯罪的，事故调查组应当及时将有关材料或者其复印件移交司法机关处理。

事故调查组应当自事故发生之日起 60 日内提交事故调查报告；特殊情况下，经负责事故调查的人民政府批准，提交事故调查报告的期限可以适当延长，但延长的期限最长不超过 60 日。

事故调查报告应当包括下列内容：

1）事故发生单位概况；

2）事故发生经过和事故救援情况；

3）事故造成的人员伤亡和直接经济损失；

4）事故发生的原因和事故性质；

5）事故责任的认定以及对事故责任者的处理建议；

6）事故防范和整改措施。

事故调查报告应当附具有关证据材料。事故调查组成员应当在事故调查报告上签名。

5．对事故处理的有关规定

《生产安全事故报告和调查处理条例》规定：重大事故、较大事故、一般事故，负责事故调查的人民政府应当自收到事故调查报告之日起 15 日内做出批复；特别重大事故，30 日内做出批复，特殊情况下，批复时间可以适当延长，但延长的时间最长不超过 30 日。有关机关应当按照人民政府的批复，依照法律、行政法规规定的权限和程序，对事故发生单位和有关人员进行行政处罚，对负有事故责任的国家工作人员进行处分。事故发生单位应当按照负责事故调查的人民政府的批复，对本单位负有事故责任的人员进行处理。负有事故责任的人员涉嫌犯罪的，依法追究刑事责任。

事故发生单位应当认真吸取事故教训，落实防范和整改措施，防止事故再次发生。防范和整改措施的落实情况应当接受工会和职工的监督。安全生产监督管理部门和负有安全生产监督管理职责的有关部门应当对事故发生单位落实防范和整改措施的情况进行监督检查。

6. 法律责任的有关规定

《生产安全事故报告和调查处理条例》规定：事故发生单位主要负责人有下列行为之一的，处上一年年收入40%至80%的罚款；属于国家工作人员的，并依法给予处分；构成犯罪的，依法追究刑事责任：

1）不立即组织事故抢救的；

2）迟报或者漏报事故的；

3）在事故调查处理期间擅离职守的。

事故发生单位及其有关人员有下列行为之一的，对事故发生单位处100万元以上500万元以下的罚款；对主要负责人、直接负责的主管人员和其他直接责任人员处上一年年收入60%至100%的罚款；属于国家工作人员的，并依法给予处分；构成违反治安管理行为的，由公安机关依法给予治安管理处罚；构成犯罪的，依法追究刑事责任：

1）谎报或者瞒报事故的；

2）伪造或者故意破坏事故现场的；

3）转移、隐匿资金、财产，或者销毁有关证据、资料的；

4）拒绝接受调查或者拒绝提供有关情况和资料的；

5）在事故调查中作伪证或者指使他人作伪证的；

6）事故发生后逃匿的。

《生产安全事故报告和调查处理条例》还规定：国家机关、事业单位、人民团体发生的事故的报告和调查处理，参照本条例的规定执行。

五 《放射性物品运输安全管理条例》相关知识点

《放射性物品运输安全管理条例》（国务院令第562号）自2010年1月1日起施行。该条例分为七章六十八条，各章内容为：第一章总则，第二章放射性物品运输容器的设计，第三章放射性物品运输容器的制造与使用，第四章放射性物品的运输，第五章监督检查，第六章法律责任，第七章附则。制定该条例的目的，是为了加强对放射性物品运输的安全管理，保障人体健康，保护环境，促进核能、核技术的开发与和平利用。该条例适用于放射性物品的运输和放射性物品运输容器的设计、制造等活动。该条例所称放射性物品，是指含有放射性核素，并且其活度和比活度均高于国家规定的豁免值的物品。

1．关于放射性物品分类的有关规定

《放射性物品运输安全管理条例》规定：根据放射性物品的特性及其对人体健康和环境的潜在危害程度，将放射性物品分为一类、二类和三类。

一类放射性物品，是指Ⅰ类放射源、高水平放射性废物、乏燃料等释放到环境后对人体健康和环境产生重大辐射影响的放射性物品。

二类放射性物品，是指Ⅱ类和Ⅲ类放射源、中等水平放射性废物等释放到环境后对人体健康和环境产生一般辐射影响的放射性物品。

三类放射性物品，是指Ⅳ类和Ⅴ类放射源、低水平放射性废物、放射性药品等释放到环境后对人体健康和环境产生较小辐射影响的放射性物品。

国务院核安全监管部门对放射性物品运输的核与辐射安全实施监督管理。国务院公安、交通运输、铁路、民航等有关主管部门依照该条例规定和各自的职责，负责放射性物品运输安全的有关监督管理工作。县级以上地方人民政府环境保护主管部门和公安、交通运输等有关主管部门，依照该条例规定和各自的职责，负责本行政区域放射性物品运输安全的有关监督管理工作。

2. 对放射性物品运输容器设计的有关规定

《放射性物品运输安全管理条例》规定：放射性物品运输容器设计单位应当建立健全和有效实施质量保证体系，按照国家放射性物品运输安全标准进行设计，并通过试验验证或者分析论证等方式，对设计的放射性物品运输容器的安全性能进行评价。

放射性物品运输容器设计单位应当建立健全档案制度，按照质量保证体系的要求，如实记录放射性物品运输容器的设计和安全性能评价过程。

进行一类放射性物品运输容器设计，应当编制设计安全评价报告书；进行二类放射性物品运输容器设计，应当编制设计安全评价报告表。

二类放射性物品运输容器的设计，设计单位应当在首次用于制造前，将设计总图及其设计说明书、设计安全评价报告表报国务院核安全监管部门备案。

三类放射性物品运输容器的设计，设计单位应当编制设计符合国家放射性物品运输安全标准的证明文件并存档备查。

3. 对放射性物品运输容器制造与使用的有关规定

《放射性物品运输安全管理条例》规定：放射性物品运输容器制造单位，应当按照设计要求和国家放射性物品运输安全标准，对制造的放射性物品运输容器进行质量检验，编制质量检验报告。未经质量检验或者经检验不合格的放射性物品运输容器，不得交付使用。

从事一类放射性物品运输容器制造活动的单位，应当具备下列条件：

1）有与所从事的制造活动相适应的专业技术人员；

2）有与所从事的制造活动相适应的生产条件和检测手段；

3）有健全的管理制度和完善的质量保证体系。

从事一类放射性物品运输容器制造活动的单位，应当申请领取一类放射性物品运输容器制造许可证（以下简称制造许可证）。禁止无制造许可证或者超出制造许可证规定的范围从事一类放射性物品运输容器的制造活动。

从事二类放射性物品运输容器制造活动的单位，应当在首次制造活动开始 30 日前，将其具备与所从事的制造活动相适应的专业技术人员、生产条件、检测手段，以及具有健全的管理制度和完善的质量保证体系的证明材料，报国务院核安全监管部门备案。

从事三类放射性物品运输容器制造活动的单位，应当于每年 1 月 31 日前将上一年度制造的运输容器的型号和数量报国务院核安全监管部门备案。

放射性物品运输容器使用单位应当对其使用的放射性物品运输容器定期进行保养和维护，并建立保养和维护档案；放射性物品运输容器达到设计使用年限，或者发现放射性物品运输容器存在安全隐患的，应当停止使用，进行处理。

4．对放射性物品运输的有关规定

《放射性物品运输安全管理条例》规定：托运放射性物品的，托运人应当持有生产、销售、使用或者处置放射性物品的有效证明，使用与所托运的放射性物品类别相适应的运输容器进行包装，配备必要的辐射监测设备、防护用品和防盗、防破坏设备，并编制运输说明书、核与辐射事故应急响应指南、装卸作业方法、安全防护指南。运输说明书应当包括放射性物品的品名、数量、物理化学形态、危害风险等内容。

托运一类放射性物品的，托运人应当委托有资质的辐射监测机构对其表面污染和辐射水平实施监测，辐射监测机构应当出具辐射监测报告。托运二类、三类放射性物品的，托运人应当对其表面污染和辐射水平实施监测，并编制辐射监测报告。监测结果不符合国家放射性物品运输安全标准的，不得托运。

托运人和承运人应当对直接从事放射性物品运输的工作人员进行运输安全和应急响应知识的培训，并进行考核；考核不合格的，不得从事相关工作。

托运人和承运人应当按照国家放射性物品运输安全标准和国家有关规定，在放射性物品运输容器和运输工具上设置警示标志。

5．对监督检查的有关规定

《放射性物品运输安全管理条例》规定：国务院核安全监管部门和其他依法履行放射性物品运输安全监督管理职责的部门，应当依据各自职责对放射性物品运输安全实施监督检查。

国务院核安全监管部门和省、自治区、直辖市人民政府环境保护主管部门以及其他依法履行放射性物品运输安全监督管理职责的部门进行监督检查，监督检查人员不得少于2人，并应当出示有效的行政执法证件。

监督检查中发现放射性物品运输活动有不符合国家放射性物品运输安全标准情形的，或者一类放射性物品运输容器制造单位有不符合制造许可证规定条件情形的，应当责令限期整改；发现放射性物品运输活动可能对人体健康和环境造成核与辐射危害的，应当责令停止运输。

六　《国务院关于进一步加强企业安全生产工作的通知》相关知识点

2010年7月19日，国务院印发《关于进一步加强企业安全生产工作的通知》（国发［2010］23号）（以下简称《通知》）。《通知》的主要内容如下：

1．总体要求

（1）工作要求。深入贯彻落实科学发展观，坚持以人为本，牢固树立安全发展的理念，切实转变经济发展方式，调整产业结构，提高经济发展的质量和效益，把经济发展建立在安全生产有可靠保障的基础上；坚持“安全第一、预防为主、综合治理”的方针，全面加强企业安全管理，健全规章制度，完善安全标准，提高企业技术水平，夯实安全生产基础；坚持依法依规生产经营，切实加强安全监管，强化企业安全生产主体责任落实和责任追究，促进我国安全生产形势实现根本好转。

（2）主要任务。以煤矿、非煤矿山、交通运输、建筑施工、危险化学品、烟花爆竹、民用爆炸物品、冶金等行业（领域）为重点，全面加强企业安全生产工作。要通过更加严格的目标考核和责任追究，采取更加有效的管理手段和政策措施，集中整治非法违法生产行为，坚决遏制重特大事故发生；要尽快建成完善的国家安全生产应急救援体系，在高危行业强制推行一批安全适用的技术装备和防护设施，最大程度减少事故造成的损失；要建立更加完善的技术标准体系，促进企业安全生产技术装备全面达到国家和行业标准，实现我国安全生产技术水平的提高；要进一步调整产业结构，积极推进重点行业的企业重组和矿产资源开发整合，彻底淘汰安全性能低下、危及安全生产的落后产能；以更加有力的政策引导，形成安全生产长效机制。

2. 严格企业安全管理

（3）进一步规范企业生产经营行为。企业要健全完善严格的安全生产规章制度，坚持不安全不生产。加强对生产现场监督检查，严格查处违章指挥、违规作业、违反劳动纪律的“三违”行为。凡超能力、超强度、超定员组织生产的，要责令停产停工整顿，并对企业和企业主要负责人依法给予规定上限的经济处罚。对以整合、技改名义违规组织生产，以及规定期限内未实施改造或故意拖延工期的矿井，由地方政府依法予以关闭。要加强对境外中资企业安全生产工作的指导和管理，严格落实境内投资主体和派出企业的安全生产监督责任。

（4）及时排查治理安全隐患。企业要经常性开展安全隐患排查，并切实做到整改措施、责任、资金、时限和预案“五到位”。建立以安全生产专业人员为主导的隐患整改效果评价制度，确保整改到位。对隐患整改不力造成事故的，要依法追究企业和企业相关负责人的责任。对停产整改逾期未完成的不得复产。

（5）强化生产过程管理的领导责任。企业主要负责人和领导班子成员要轮流现场带班。煤矿、非煤矿山要有矿领导带班并与工人同时下井、同时升井，对无企业负责人带班下井或该带班而未带班的，对有关责任人按擅离职守处理，同时给予规定上限的经济处罚。发生事故而没有领导现场带班的，对企业给予规定上限的经济处罚，并依法从重追究企业主要负责人的责任。

（6）强化职工安全培训。企业主要负责人和安全生产管理人员、特殊工种人员一律严格考核，按国家有关规定持职业资格证书上岗；职工必须全部经过培训合格后上岗。企业用工要严格依照劳动合同法与职工签订劳动合同。凡存在不经培训上岗、无证上岗的企业，依法停产整顿。没有对井下作业人员进行安全培训教育，或存在特种作业人员无证上岗的企业，情节严重的要依法予以关闭。

（7）全面开展安全达标。深入开展以岗位达标、专业达标和企业达标为内容的安全生产标准化建设，凡在规定时间内未实现达标的企业要依法暂扣其生产许可证、安全生产许可证，责令停产整顿；对整改逾期未达标的，地方政府要依法予以关闭。

3．建设坚实的技术保障体系

（8）加强企业生产技术管理。强化企业技术管理机构的安全职能，按规定配备安全技术人员，切实落实企业负责人安全生产技术管理负责制，强化企业主要技术负责人技术决策和指挥权。因安全生产技术问题不解决产生重大隐患的，要对企业主要负责人、主要技术负责人和有关人员给予处罚；发生事故的，依法追究责任。

（9）强制推行先进适用的技术装备。煤矿、非煤矿山要制定和实施生产技术装备标准，安装监测监控系统、井下人员定位系统、紧急避险系统、压风自救系统、供水施救系统和通信联络系统等技术装备，并于3年之内完成。逾期未安装的，依法暂扣安全生产许可证、生产许可证。运输危险化学品、烟花爆竹、民用爆炸物品的道路专用车辆，旅游包车和三类以上的班线客车要安装使用具有行驶记录功能的卫星定位装置，于2年之内全部完成；鼓励有条件的渔船安装防撞自动识别系统，在大型尾矿库安装全过程在线监控系统，大型起重机械要安装安全监控管理系统；积极推进信息化建设，努力提高企业安全防护水平。

（10）加快安全生产技术研发。企业在年度财务预算中必须确定必要的安全投入。国家鼓励企业开展安全科技研发，加快安全生产关键技术装备的换代升级。进一步落实《国家中长期科学和技术发展规划纲要（2006—2020年）》等，加大对高危行业安全技术、装备、工艺和产品研发的支持力度，引导高危行业提高机械化、自动化生产水平，合理确定生产一线用工。“十二五”期间要继续组织研发一批提升我国重点行业领域安全生产保障能力的关键技术和装备项目。

4. 实施更加有力的监督管理

(11) 进一步加大安全监管力度。强化安全生产监管部门对安全生产的综合监管，全面落实公安、交通、国土资源、建设、工商、质检等部门的安全生产监督管理及工业主管部门的安全生产指导职责，形成安全生产综合监管与行业监管指导相结合的工作机制，加强协作，形成合力。在各级政府统一领导下，严厉打击非法违法生产、经营、建设等影响安全生产的行为，安全生产综合监管和行业管理部门要会同司法机关联合执法，以强有力措施查处、取缔非法企业。对重大安全隐患治理实行逐级挂牌督办、公告制度，重大隐患治理由省级安全生产监管部门或行业主管部门挂牌督办，国家相关部门加强督促检查。对拒不执行监管监察指令的企业，要依法依规从重处罚。进一步加强监管力量建设，提高监管人员专业素质和技术装备水平，强化基层站点监管能力，加强对企业安全生产的现场监管和技术指导。

(12) 强化企业安全生产属地管理。安全生产监管监察部门、负有安全生产监管职责的有关部门和行业管理部门要按职责分工，对当地企业包括中央、省属企业实行严格的安全生产监督检查和管理，组织对企业安全生产状况进行安全标准化分级考核评价，评价结果向社会公开，并向银行业、证券业、保险业、担保业等主管部门通报，作为企业信用评级的重要参考依据。

(13) 加强建设项目安全管理。强化项目安全设施核准审批，加强建设项目的日常安全监管，严格落实审批、监管的责任。企业新建、改建、扩建工程项目的安全设施，要包括安全监控设施和防瓦斯等有害气体、防尘、排水、防火、防爆等设施，并与主体工程同时设计、同时施工、同时投入生产和使用。安全设施与建设项目主体工程未做到同时设计的一律不予审批，未做到同时施工的责令立即停止施工，未同时投入使用的不得颁发安全生产许可证，并视情节追究有关单位负责人的责任。严格落实建设、设计、施工、监理、监管等各方安全责任。对项目建设生产经营单位存在违法分包、转包等行为的，立即依法停工停产整顿，并追究项目业主、承包方等各方责任。

(14) 加强社会监督和舆论监督。要充分发挥工会、共青团、妇联组织的作用，依法维护和落实企业职工对安全生产的参与权与监督权，鼓励职工监督举报各类安全隐患，对举报者予以奖励。有关部门和地方要进一步畅通安全生产的社会监督渠道，设立举报箱，公布举报电话，接受人民群众的公开监督。要发挥新闻媒体的舆论监督，对舆论反映的客观问题要深查原因，切实整改。

5. 建设更加高效的应急救援体系

(15) 加快国家安全生产应急救援基地建设。按行业类型和区域分布，依托大型企业，在中央预算内基建投资支持下，先期抓紧建设 7 个国家矿山应急救援队，配备性能可靠、机动性强的装备和设备，保障必要的运行维护费用。推进公路交通、铁路运输、水上搜救、船舶溢油、油气田、危险化学品等行业（领域）国家救援基地和队伍建设。鼓励和支持各地区、各部门、各行业依托大型企业和专业救援力量，加强服务周边的区域性应急救援能力建设。

（16）建立完善企业安全生产预警机制。企业要建立完善安全生产动态监控及预警预报体系，每月进行一次安全生产风险分析。发现事故征兆要立即发布预警信息，落实防范和应急处置措施。对重大危险源和重大隐患要报当地安全生产监管监察部门、负有安全生产监管职责的有关部门和行业管理部门备案。涉及国家秘密的，按有关规定执行。

（17）完善企业应急预案。企业应急预案要与当地政府应急预案保持衔接，并定期进行演练。赋予企业生产现场带班人员、班组长和调度人员在遇到险情时第一时间下达停产撤人命令的直接决策权和指挥权。因撤离不及时导致人身伤亡事故的，要从重追究相关人员的法律责任。

6. 严格行业安全准入

（18）加快完善安全生产技术标准。各行业管理部门和负有安全生产监管职责的有关部门要根据行业技术进步和产业升级的要求，加快制定修订生产、安全技术标准，制定和实施高危行业从业人员资格标准。对实施许可证管理制度的危险性作业要制定落实专项安全技术作业规程和岗位安全操作规程。

（19）严格安全生产准入前置条件。把符合安全生产标准作为高危行业企业准入的前置条件，实行严格的安全标准核准制度。矿山建设项目和用于生产、储存危险物品的建设项目，应当分别按照国家有关规定进行安全条件论证和安全评价，严把安全生产准入关。凡不符合安全生产条件违规建设的，要立即停止建设，情节严重的由本级人民政府或主管部门实施关闭取缔。降低标准造成隐患的，要追究相关人员和负责人的责任。

（20）发挥安全生产专业服务机构的作用。依托科研院所，结合事业单位改制，推动安全生产评价、技术支持、安全培训、技术改造等服务性机构的规范发展。制定完善安全生产专业服务机构管理办法，保证专业服务机构从业行为的专业性、独立性和客观性。专业服务机构对相关评价、鉴定结论承担法律责任，对违法违规、弄虚作假的，要依法依规从严追究相关人员和机构的法律责任，并降低或取消相关资质。

7. 加强政策引导

（21）制定促进安全技术装备发展的产业政策。要鼓励和引导企业研发、采用先进适用的安全技术和产品，鼓励安全生产适用技术和新装备、新工艺、新标准的推广应用。把安全检测监控、安全避险、安全保护、个人防护、灾害监控、特种安全设施及应急救援等安全生产专用设备的研发制造，作为安全产业加以培育，纳入国家振兴装备制造业的政策支持范畴。大力发展安全装备融资租赁业务，促进高危行业企业加快提升安全装备水平。

（22）加大安全专项投入。切实做好尾矿库治理、扶持煤矿安全技改建设、瓦斯防治和小煤矿整顿关闭等各类中央资金的安排使用，落实地方和企业配套资金。加强对高危行业企业安全生产费用提取和使用管理的监督检查，进一步完善高危行业企业安全生产费用财务管理制度，研究提高安全生产费用提取下限标准，适当扩大适用范围。依法加强道路交通事故社会救助基金制度建设，加快建立完善水上搜救奖励与补偿机制。高危行业企业探索实行全员安全风险抵押金制度。完善落实工伤保险制度，积极稳妥推行安全生产责任保险制度。

（23）提高工伤事故死亡职工一次性赔偿标准。从2011年1月1日起，依照《工伤保险条例》的规定，对因生产安全事故造成的职工死亡，其一次性工亡补助金标准调整为按全国上一年度城镇居民人均可支配收入的20倍计算，发放给工亡职工近亲属。同时，依法确保工亡职工一次性丧葬补助金、供养亲属抚恤金的发放。

（24）鼓励扩大专业技术和技能人才培养。进一步落实完善校企合作办学、对口单招、订单式培养等政策，鼓励高等院校、职业学校逐年扩大采矿、机电、地质、通风、安全等相关专业人才的招生培养规模，加快培养高危行业专业人才和生产一线急需技能型人才。

8．更加注重经济发展方式转变

（25）制定落实安全生产规划。各地区、各有关部门要把安全生产纳入经济社会发展的总体布局，在制定国家、地区发展规划时，要同步明确安全生产目标和专项规划。企业要把安全生产工作的各项要求落实在企业发展和日常工作之中，在制定企业发展规划和年度生产经营计划中要突出安全生产，确保安全投入和各项安全措施到位。

（26）强制淘汰落后技术产品。不符合有关安全标准、安全性能低下、职业危害严重、危及安全生产的落后技术、工艺和装备要列入国家产业结构调整指导目录，予以强制性淘汰。各省级人民政府也要制订本地区相应的目录和措施，支持有效消除重大安全隐患的技术改造和搬迁项目，遏制安全水平低、保障能力差的项目建设和延续。对存在落后技术装备、构成重大安全隐患的企业，要予以公布，责令限期整改，逾期未整改的依法予以关闭。

（27）加快产业重组步伐。要充分发挥产业政策导向和市场机制的作用，加大对相关高危行业企业重组力度，进一步整合或淘汰浪费资源、安全保障低的落后产能，提高安全基础保障能力。

9. 实行更加严格的考核和责任追究

（28）严格落实安全目标考核。对各地区、各有关部门和企业完成年度生产安全事故控制指标情况进行严格考核，并建立激励约束机制。加大重特大事故的考核权重，发生特别重大生产安全事故的，要根据情节轻重，追究地市级分管领导或主要领导的责任；后果特别严重、影响特别恶劣的，要按规定追究省部级相关领导的责任。加强安全生产基础工作考核，加快推进安全生产长效机制建设，坚决遏制重特大事故的发生。

（29）加大对事故企业负责人的责任追究力度。企业发生重大生产安全责任事故，追究事故企业主要负责人责任；触犯法律的，依法追究事故企业主要负责人或企业实际控制人的法律责任。发生特别重大事故，除追究企业主要负责人和实际控制人责任外，还要追究上级企业主要负责人的责任；触犯法律的，依法追究企业主要负责人、企业实际控制人和上级企业负责人的法律责任。对重大、特别重大生产安全责任事故负有主要责任的企业，其主要负责人终身不得担任本行业企业的矿长（厂长、经理）。对非法违法生产造成人员伤亡的，以及瞒报事故、事故后逃逸等情节特别恶劣的，要依法从重处罚。

（30）加大对事故企业的处罚力度。对于发生重大、特别重大生产安全责任事故或一年内发生2次以上较大生产安全责任事故并负主要责任的企业，以及存在重大隐患整改不力的企业，由省级及以上安全监管监察部门会同有关行业主管部门向社会公告，并向投资、国土资源、建设、银行、证券等主管部门通报，一年内严格限制新增的项目核准、用地审批、证券融资等，并作为银行贷款等的重要参考依据。

（31）对打击非法生产不力的地方实行严格的责任追究。在所辖区域对群众举报、上级督办、日常检查发现的非法生产企业（单位）没有采取有效措施予以查处，致使非法生产企业（单位）存在的，对县（市、区）、乡（镇）人民政府主要领导以及相关责任人，根据情节轻重，给予降级、撤职或者开除的行政处分，涉嫌犯罪的，依法追究刑事责任。国家另有规定的，从其规定。

（32）建立事故查处督办制度。依法严格事故查处，对事故查处实行地方各级安全生产委员会层层挂牌督办，重大事故查处实行国务院安全生产委员会挂牌督办。事故查处结案后，要及时予以公告，接受社会监督。

相关知识链接和背景介绍：

《国务院关于进一步加强企业安全生产工作的通知》解读

2010年7月19日，国务院印发了《关于进一步加强企业安全生产工作的通知》（以下简称《通知》）。《通知》共

9 部分、32 条，体现了党中央、国务院关于加强安全生产工作的重要决策部署和一系列指示精神，体现了“安全发展，预防为主”的原则要求和安全生产工作标本兼治、重在治本，重心下移、关口前移的总体思路。

1.《通知》制定的背景和意义

《通知》的制定出台，是党和国家在全国深入贯彻落实科学发展观，转变经济发展方式，调整产业结构，推进经济平稳较快发展和建设和谐社会的重要时期，对安全生产工作作出的重大决策和部署，充分体现了党中央、国务院对安全生产工作的高度重视，对人民群众的深切关怀。

国务院制定出台这个文件，主要基于以下几点：

1）进一步巩固发展安全生产形势。党中央、国务院对安全生产工作始终高度重视，相继出台了加强安全生产工作的一系列政策措施，2009 年以来又在全国广泛深入开展“安全生产年”活动。在党中央、国务院的高度重视和正确领导下，在国家相关部门的指导推动下，通过各地区、各部门和各单位的共同努力，全国安全生产状况呈现总体稳定、趋于好转的发展态势。2009 年全国生产安全事故死亡人数在 2008 年降到 10 万人以下的基础上又降到了 9 万人以下，事故起数和死亡人数连续 7 年实现了“双下降”。在新的历史时期，针对经济社会发展特别是在转变经济发展方式中出现的新形势新情况，需要进一步制定和完善相关政策措施，继续把安全生产工作推向深入，巩固和发展不断取得的安全生产成效。

2）重点解决当前安全生产暴露出的突出问题。由于受生产力发展不均衡和基础薄弱的制约，安全生产形势仍然严峻，2010年上半年在事故总量同比继续下降的同时，重特大事故有所反弹，尤其是先后发生6起一次死亡30人以上的特别重大事故，给人民群众生命财产安全造成重大损失，在社会上产生恶劣影响。事故多发的原因主要是：一些企业在经济回升向好的情况下，盲目追求经济效益，重生产轻安全，安全管理薄弱，安全生产主体责任不落实；无证或证照不全非法生产，超能力、超强度、超定员违法违规生产，小煤矿整合技改期间非法组织生产；一些地方和部门安全监管责任不落实、措施不到位等。这些问题的解决，在《通知》的具体内容中都做了重点解答，制定了更加严厉的政策、制度和措施。

3）切实强化企业安全生产主体责任落实。企业的安全生产状况关系安全生产大局，企业是安全生产的根本，国家有关安全生产法律法规最终要落实到企业，全国安全生产整体水平的提高最终也必须体现在企业。各级政府、部门以及企业本身所做的努力，都是为了促进企业安全管理的不断加强，保证人民群众生命财产安全。只有提高企业的安全生产水平，才能真正实现安全生产形势的持续稳定好转。因此，做好安全生产工作，切实有效的遏制重特大事故，首先是也必须要紧紧抓住企业这个“主体”，通过加强安全管理、加大安全投入、强化技术装备、严格安全监管、严肃责任追究等有力措施，督促提高企业的安全生产保障能力。

2.《通知》需要把握的精神内涵

《通知》是加强新形势下企业安全生产工作的纲领性文件，学习领会《通知》精神，总体上应把握以下三个方面：

1）牢牢把握《通知》提出的“三个坚持”。坚持以人为本，牢固树立安全发展的理念，切实转变经济发展方式，把经济发展建立在安全生产有可靠保证的基础上；坚持“安全第一，预防为主，综合治理”的方针，从管理、制度、标准和技术等方面，全面加强企业安全管理；坚持依法依规生产经营，集中整治非法违法行为，强化责任落实和责任追究。这“三个坚持”是指导和推动加强企业安全生产工作的总体要求，必须贯穿安全生产工作的全过程。

2）紧紧抓住重特大事故多发的 8 个重点行业领域。煤矿、非煤矿山、交通运输、建筑施工、危险化学品、烟花爆竹、民用爆炸物品、冶金等 8 个行业领域，事故易发、多发、频发，重特大事故集中、长期以来尚未得到切实有效遏制。当前和今后一个时期，必须从这 8 个重点行业领域入手，紧紧抓住不放，落实企业安全生产主体责任，强化企业安全管理；落实政府和部门的安全监管责任，推动提升企业安全生产水平。

3）施以更加严格严厉的综合治理措施。《通知》的每一项规定都集中体现了这一要求。进一步加强新形势下企业安全生产工作，切实解决一些长期以来影响和制约安全生产的关键问题、重点和难点问题，就是必须要以更坚定的信念、更大的决心、更强有力的政策措施，通过更加严格的企业安全管理、更加坚实的技术保障、更加有力的安全监管、更加高效的应急救援体系、更高标准的行业准入、更加有力的政策引导、更加注重经济发展方式转变、更加严格的目标考核和责任追究等，形成安全生产长效机制。这是在学习领会和贯彻落实过程中，以及各地区、各部门制定相关配套措施中必须切实注意的方面。

3.《通知》的制度创新

从现行有关法律法规和规章制度来看，《通知》的一些条文突破了原有的规定，具有明显的创新性；同时在现有政策措施的基础上，对一些规定又作了相应的完善和调整，进一步做了强化和规范。

制度创新比较突出的有以下十项：

1）重大隐患治理和重大事故查处督办制度。对重大安全隐患治理实行逐级挂牌督办、公告制度，国家相关部门加强督促检查；对事故查处实行层层挂牌督办，重大事故查处由国务院安委会挂牌督办。

2）领导干部轮流现场带班制度。要求企业负责人和领导班子成员要轮流现场带班，其中煤矿和非煤矿山要有矿领导带班并与工人同时下井、升井。对发生事故而没有领导干部现场带班的，要严肃处理。

3）先进适用技术装备强制推行制度。对安全生产起到重要支撑和促进作用的安全生产技术装备，规定推广应用到位的时限要求，其中煤矿“六大系统”要在3年之内完成。逾期未安装的，要依法暂扣安全生产许可证和生产许可证。

4）安全生产长期投入制度。规定企业在制定财务预算中必须确定必要的安全投入，落实地方和企业对国家投入的配套资金，研究提高危行业安全生产费用提取下限标准并适当扩大范围，加强道路交通事故社会求助基金制度建设，积极稳妥推行安全生产责任保险制度等。

5）企业安全生产信用挂钩联动制度。规定要将安全生产标准化分级评价结果，作为信用评级的重要考核依据；对发生重特大事故或一年内发生2次以上较大事故的，一年内严格限制新增项目核准、用地审批、证券融资等，并作为银行贷款的重要参考依据。

6）应急救援基地建设制度。规定先期建设 7 个国家矿山救援队，配备性能先进、机动性强的装备和设备；明确进一步推进 6 个行业领域的国家救援基地和队伍建设。

7）现场紧急撤人避险制度。赋予企业生产现场带班人员、班组长和调度人员在遇到险情第一时间下达停产撤人命令的直接决策权和指挥权。

8）高危企业安全生产标准核准制度。规定加快制定修订各行业的生产、安全技术和高危行业从业人员资格标准，要把符合安全生产标准要求作为高危行业企业准入的前置条件，严把安全准入关。

9）工伤事故死亡职工一次性赔偿制度。规定提高赔偿标准，对因生产安全事故造成的职工死亡，其一次工亡补助标准调整为按全国上一年度城镇居民人均可支配收入的 20 倍计算。

10）企业负责人职业资格否决制度。规定对重大、特别重大事故负有主要责任的企业，其主要负责人，终身不得担任本行业企业的矿长（厂长、经理）。

4.《通知》对安全工作的完善和强调

《通知》还就十个方面的工作作了完善和强调：

1）强化隐患整改效果，要求做到整改措施、责任、资金、时限和预案“五到位”，实行以安全生产专业人员为主导的隐患整改效果评价制度。强调企业要每月进行一次安全生产风险分析，建立预警机制。

2）要求全面开展安全生产标准化达标建设，做到岗位达标、专业达标和企业达标，并强调通过严格生产许可证和安全生产许可证管理，推进达标工作。

3）加强安全生产技术管理和技术装备研发，要求健全机构，配备技术人员，强化企业主要技术负责人技术决策和指挥权；将安全生产关键技术和装备纳入国家科学技术领域支持范围和国家“十二五”规划重点推进。

4）安全生产综合监管、行业管理和司法机关联合执法，严厉打击非法违法生产、经营和建设，取缔非法企业。

5）强化企业安全生产属地管理，对当地包括中央和省属企业安全生产实行严格的监督检查和管理。

6）积极开展社会监督和舆论监督，维护和落实职工对安全生产的参与权与监督权，鼓励职工监督举报各类安全隐患。

7）严格限定对严重违法违规行为的执法裁量权，规定对企业“三超”（超能力、超强度、超定员）组织生产的、无企业负责人带班下井或该带班而未带班的等，要求按有关规定的上限处罚；对以整合技改名义违规组织生产的、拒不执行监管指令的、违反建设项目“三同时”规定和安全培训有关规定的等，要依法加重处罚。

8）进一步加强安全教育培训，鼓励进一步扩大采矿、机电、地质、通风、安全等专业技术和技能人才培养。

9）强化安全生产责任追究，规定要加大重特大事故的考核权重，发生特别重大生产安全事故的，要视情节追究地级及以上政府（部门）领导的责任；加大对发生重大和特别重大事故企业负责人或企业实际控制人以及上级企业主要负责人的责任追究力度；强化打击非法生产的地方责任。

10）强调要结合转变经济发展方式，就加快推进安全发展、强制淘汰落后技术产品、加快产业重组步伐提出了明确要求。这充分体现了安全生产与经济社会发展密不可分、协调推进的要求，通过不断提高生产力发展水平，从根本上促进企业安全生产水平的提高。

5. 关于有关政策规定的说明

《通知》规定提高工伤事故死亡职工一次性赔偿标准，这是一项新制度。事故发生单位对事故造成的人员伤亡、财产损失，应当承担赔偿责任，这是《安全生产法》等法律法规要求必须履行的法定义务。为维护伤亡职工和家属的权益，提高事故单位的违法成本，近年来一些地方在制定的《安全生产法实施条例》中也作了明确，如规定赔偿总额不低于 20 万元的标准，一些地方在实际赔偿中还高于上述标准，但其规范性、制度性和法规的强制性不足。《通知》的规定标准，具有两个突出特点：

一是大幅度提高了赔偿额度。2004 年实施的《工伤保险条例》规定，一次性工亡补助金，按当地 48～60 个月平均工资计算，取全国平均值最高为 15 万元左右。《通知》明确一次性工亡补助金调整为按全国上一年度城镇居民人均可支配收入的 20 倍计算。经测算，按 2009 年度全国平均城镇居民人均可支配收入 17 175 元的水平，全国平均一次性工亡补助金为 34.35 万元，比原规定翻一番还多，加上同时实行的丧葬补助金和供养亲属抚恤金（按供养 2 位亲属测算），三项合计约为 61.8 万元。其中前两项为一次性支出，后一项按工亡职工供养人口长期、按月发放。

二是具有法律效力。于 2011 年 1 月 1 日起施行的修改后的《工伤保险条例》，有关条款与《通知》规定相衔接，从而保证《通知》新规定的法律效力。

《工伤保险条例》依据不同地区和企业单位的安全生产状况，实行浮动费用率和差别费率，对发生重特大事故或事故多发的企业单位，通过调整缴费比例，促进加强安全生产工作。因此，《通知》规定，既体现了以人为本、关爱生命，维护职工合法权益的精神，同时又是推进不断提高企业安全生产水平的新制度、新举措。

七 《安全生产违法行为行政处罚办法》相关知识点

新修订的《安全生产违法行为行政处罚办法》（国家安全生产监督管理总局令第 15 号）自 2008 年 1 月 1 日起施行。原国家安全生产监督管理局（国家煤矿安全监察局）2003 年 5 月 19 日公布的《安全生产违法行为行政处罚办法》、2001 年 4 月 27 日公布的《煤矿安全监察程序暂行规定》同时废止。

《安全生产违法行为行政处罚办法》分为六章六十八条，各章内容为：第一章总则，第二章行政处罚的种类、管辖，第三章行政处罚的程序，第四章行政处罚的适用，第五章行政处罚的执行和备案，第六章附则。制定该办法的目的，是依照行政处罚法、安全生产法及其他有关法律、行政法规的规定，为了制裁安全生产违法行为，规范安全生产行政处罚工作。该办法适用于县级以上人民政府安全生产监督管理部门对生产经营单位及其有关人员在生产经营活动中违反有关安全生产的法律、行政法规、部门规章、国家标准、行业标准和规程的违法行为（以下统称安全生产违法行为）实施行政处罚。煤矿安全监察机构依照该办法和煤矿安全监察行政处罚办法，对煤矿、煤矿安全生产中介机构等生产经营单位及其有关人员的安全生产违法行为实施行政处罚。

《安全生产违法行为行政处罚办法》规定：安全生产监督管理部门或者煤矿安全监察机构（以下统称安全监管监察部门）及其行政执法人员实施行政处罚，必须以事实为依据。行政处罚应当与安全生产违法行为的事实、性质、情节以及社会危害程度相当。

生产经营单位及其有关人员对安全监管监察部门给予的行政处罚，依法享有陈述权、申辩权和听证权；对行政处罚不服的，有权依法申请行政复议或者提起行政诉讼；因违法给予行政处罚受到损害的，有权依法申请国家赔偿。

1. 对行政处罚种类、管辖的有关规定

《安全生产违法行为行政处罚办法》规定：安全生产违法行为行政处罚的种类有：

1）警告；

2）罚款；

3）责令改正、责令限期改正、责令停止违法行为；

4）没收违法所得、没收非法开采的煤炭产品、采掘设备；

5）责令停产停业整顿、责令停产停业、责令停止建设、责令停止施工；

6）暂扣或者吊销有关许可证，暂停或者撤销有关执业资格、岗位证书；

7）关闭；

8）拘留；

9）安全生产法律、行政法规规定的其他行政处罚。

县级以上安全监管监察部门应当按照规定，在各自的职责范围内对安全生产违法行为行政处罚行使管辖权。

安全生产违法行为的行政处罚，由安全生产违法行为发生地的县级以上安全监管监察部门管辖。中央企业及其所属企业、有关人员的安全生产违法行为的行政处罚，由安全生产违法行为发生地的设区的市级以上安全监管监察部门管辖。

2．对行政处罚程序的有关规定

《安全生产违法行为行政处罚办法》规定：安全生产行政执法人员在执行公务时，必须出示省级以上安全生产监督管理部门或者县级以上地方人民政府统一制作的有效行政执法证件。其中对煤矿进行安全监察，必须出示国家安全生产监督管理总局统一制作的煤矿安全监察员证。

安全监管监察部门及其行政执法人员在监督检查时发现生产经营单位存在事故隐患的，应当按照下列规定采取现场处理措施：

1）能够立即排除的，应当责令立即排除；

2）重大事故隐患排除前或者排除过程中无法保证安全的，应当责令从危险区域撤出作业人员，并责令暂时停产停业、停止建设、停止施工或者停止使用，限期排除隐患。

隐患排除后，经安全监管监察部门审查同意，方可恢复生产经营和使用。

《安全生产违法行为行政处罚办法》还规定：安全监管监察部门在作出行政处罚决定前，应当填写行政处罚告知书，告知当事人作出行政处罚决定的事实、理由、依据，以及当事人依法享有的权利，并送达当事人。当事人应当在收到行政处罚告知书之日起3日内进行陈述、申辩，或者依法提出听证要求，逾期视为放弃上述权利。

安全监管监察部门应当充分听取当事人的陈述和申辩，对当事人提出的事实、理由和证据，应当进行复核；当事人提出的事实、理由和证据成立的，安全监管监察部门应当采纳。安全监管监察部门不得因当事人陈述或者申辩而加重处罚。

3．对行政处罚适用的有关规定

《安全生产违法行为行政处罚办法》规定：生产经营单位的决策机构、主要负责人、个人经营的投资人（包括实际控制人，下同）未依法保证下列安全生产所必需的资金投入，致使生产经营单位不具备安全生产条件的，责令限期改正，提供必需的资金，并可以对生产经营单位处1万元以上3万元以下罚款，对生产经营单位的主要负责人、个人经营的投资人处5千元以上1万元以下罚款；逾期未改正的，责令生产经营单位停产停业整顿：

1）未按规定缴存和使用安全生产风险抵押金的；

2）未按规定足额提取和使用安全生产费用的；

3）国家规定的其他安全生产所必须的资金投入。

生产经营单位主要负责人、个人经营的投资人有前款违法行为，导致发生生产安全事故的，依照《生产安全事故报告和调查处理条例》的规定给予处罚。

生产经营单位及其主要负责人或者其他人员有下列行为之一的，给予警告，并可以对生产经营单位处 1 万元以上 3 万元以下罚款，对其主要负责人、其他有关人员处 1 千元以上 1 万元以下的罚款：

1）违反操作规程或者安全管理规定作业的；

2）违章指挥从业人员或者强令从业人员违章、冒险作业的；

3）发现从业人员违章作业不加制止的；

4）超过核定的生产能力、强度或者定员进行生产的；

5）对被查封或者扣押的设施、设备、器材，擅自启封或者使用的；

6）故意提供虚假情况或者隐瞒存在的事故隐患以及其他安全问题的；

7）对事故预兆或者已发现的事故隐患不及时采取措施的；

8）拒绝、阻碍安全生产行政执法人员监督检查的；

9）拒绝、阻碍安全监管监察部门聘请的专家进行现场检查的；

10）拒不执行安全监管监察部门及其行政执法人员的安全监管监察指令的。

危险物品的生产、经营、储存单位以及矿山企业、建筑施工单位有下列行为之一的，责令改正，并可以处 1 万元以上 3 万元以下的罚款：

1）未建立应急救援组织或者未按规定签订救护协议的；

2）未配备必要的应急救援器材、设备，并进行经常性维护、保养，保证正常运转的。

《安全生产违法行为行政处罚办法》还规定：生产经营单位及其有关人员有下列情形之一的，应当从重处罚：

1）危及公共安全或者其他生产经营单位安全的，经责令限期改正，逾期未改正的；

2）一年内因同一违法行为受到两次以上行政处罚的；

3）拒不整改或者整改不力，其违法行为呈持续状态的；

4）拒绝、阻碍或者以暴力威胁行政执法人员的。

生产经营单位及其有关人员有下列情形之一的，应当从轻或者减轻行政处罚：

1）主动消除或者减轻安全生产违法行为危害后果的；

2）受他人胁迫实施安全生产违法行为的；

3）配合安全监管监察部门查处安全生产违法行为有立功表现的；

4）其他依法应予从轻或者减轻行政处罚的。

安全生产违法行为轻微并及时纠正，没有造成危害后果的，不予行政处罚。

4. 对行政处罚执行和备案的有关规定

《安全生产违法行为行政处罚办法》规定：安全监管监察部门实施行政处罚时，应当同时责令生产经营单位及其有关人员停止、改正或者限期改正违法行为。

行政处罚决定依法作出后，当事人应当在行政处罚决定的期限内，予以履行；当事人逾期不履的，作出行政处罚决定的安全监管监察部门可以采取下列措施：

1）到期不缴纳罚款的，每日按罚款数额的 3% 加处罚款；

2）根据法律规定，将查封、扣押的设施、设备、器材拍卖所得价款抵缴罚款；

3）申请人民法院强制执行。

当事人对行政处罚决定不服申请行政复议或者提起行政诉讼的，行政处罚不停止执行，法律另有规定的除外。

八　《〈生产安全事故报告和调查处理条例〉罚款处罚暂行规定》相关知识点

《〈生产安全事故报告和调查处理条例〉罚款处罚暂行规定》（国家安全生产监督管理总局令第13号），自2007年7月3日起施行。该规定共二十三条；制定该规定的目的，是依照《生产安全事故报告和调查处理条例》（以下简称《条例》），为防止和减少生产安全事故，严格追究生产安全事故发生单位及其有关责任人员的法律责任，正确适用事故罚款的行政处罚。该规定适用于安全生产监督管理部门和煤矿安全监察机构对生产安全事故发生单位（以下简称事故发生单位）及其主要负责人、直接负责的主管人员和其他责任人员等有关责任人员实施罚款的行政处罚。

《〈生产安全事故报告和调查处理条例〉罚款处罚暂行规定》（以下简称《处罚暂行规定》）所称事故发生单位是指对事故发生负有责任的生产经营单位。所称主要负责人是指有限责任公司、股份有限公司的董事长或者总经理或者个人经营的投资人，其他生产经营单位的厂长、经理、局长、矿长（含实际控制人、投资人）等人员。

《处罚暂行规定》第五条规定：《条例》所称的迟报、漏报、谎报和瞒报，依照下列情形认定：

1）报告事故的时间超过规定时限的，属于迟报；

2）因过失对应当上报的事故或者事故发生的时间、地点、类别、伤亡人数、直接经济损失等内容遗漏未报的，属于漏报；

3）故意不如实报告事故发生的时间、地点、类别、伤亡人数、直接经济损失等有关内容的，属于谎报；

4）故意隐瞒已经发生的事故，并经有关部门查证属实的，属于瞒报。

《处罚暂行规定》第十三条规定：事故发生单位的主要负责人、直接负责的主管人员和其他直接责任人员有《条例》第三十六条规定的行为之一的，依照下列规定处以罚款：

1）谎报、瞒报事故的，处上一年年收入60%至80%的罚款；

2）伪造、故意破坏事故现场，或者转移、隐匿资金、财产、销毁有关证据、资料，或者拒绝接受调查，或者拒绝提供有关情况和资料，或者在事故调查中作伪证，或者指使他人作伪证的，处上一年年收入80%至90%的罚款；

3）事故发生后逃匿的，处上一年年收入100%的罚款。

《处罚暂行规定》第十四条规定：事故发生单位对造成3人以下死亡，或者3人以上10人以下重伤（包括急性工业中毒），或者300万元以上1 000万元以下直接经济损失的事故负有责任的，处10万元以上20万元以下的罚款。

《处罚暂行规定》第十五条规定：事故发生单位对较大事故发生负有责任的，依照下列规定处以罚款：

1）造成 3 人以上 6 人以下死亡，或者 10 人以上 30 人以下重伤（包括急性工业中毒），或者 1 000 万元以上 3 000 万元以下直接经济损失的，处 20 万元以上 30 万元以下的罚款；

2）造成 6 人以上 10 人以下死亡，或者 30 人以上 50 人以下重伤（包括急性工业中毒），或者 3 000 万元以上 5 000 万元以下直接经济损失的，处 30 万元以上 50 万元以下的罚款。

《处罚暂行规定》第十六条规定：事故发生单位对重大事故发生负有责任的，依照下列规定处以罚款：

1）造成 10 人以上 15 人以下死亡，或者 50 人以上 70 人以下重伤（包括急性工业中毒），或者 5 000 万元以上 7 000 万元以下直接经济损失的，处 50 万元以上 100 万元以下的罚款；

2）造成 15 人以上 30 人以下死亡，或者 70 人以上 100 人以下重伤（包括急性工业中毒），或者 7 000 万元以上 1 亿元以下直接经济损失的，处 100 万元以上 200 万元以下的罚款。

《处罚暂行规定》还规定：对事故发生负有责任的其他单位及其有关责任人员处以罚款的行政处罚，依照相关法律、法规和规章的规定实施。

九　《安全生产领域违法违纪行为政纪处分暂行规定》相关知识点

《安全生产领域违法违纪行为政纪处分暂行规定》（中

华人民共和国监察部、国家安全生产监督管理总局令第11号）经监察部2006年10月30日第8次部长办公会议、国家安全生产监督管理总局2006年9月26日第23次局长办公会议通过，自公布之日（2006年11月22日）起施行。

《安全生产领域违法违纪行为政纪处分暂行规定》（以下简称《暂行规定》）共二十一条；制定该规定的目的，是根据《中华人民共和国行政监察法》《中华人民共和国安全生产法》及其他有关法律法规，为了加强安全生产工作，惩处安全生产领域违法违纪行为，促进安全生产法律法规的贯彻实施，保障人民群众生命财产和公共财产安全。该规定适用于国家行政机关及其公务员，企业、事业单位中由国家行政机关任命的人员有安全生产领域违法违纪行为，应当给予处分的。

《暂行规定》第三条规定：有安全生产领域违法违纪行为的国家行政机关，对其直接负责的主管人员和其他直接责任人员，以及对有安全生产领域违法违纪行为的国家行政机关公务员（以下统称有关责任人员），由监察机关或者任免机关按照管理权限，依法给予处分。

有安全生产领域违法违纪行为的企业、事业单位，对其直接负责的主管人员和其他直接责任人员，以及对有安全生产领域违法违纪行为的企业、事业单位工作人员中由国家行政机关任命的人员（以下统称有关责任人员），由监察机关或者任免机关按照管理权限，依法给予处分。

《暂行规定》第十二条规定：国有企业及其工作人员有下列行为之一，导致生产安全事故发生的，对有关责任人员，给予警告、记过或者记大过处分；情节较重的，给予降级、撤职或者留用察看处分；情节严重的，给予开除处分：

1）对存在的重大安全隐患，未采取有效措施的；

2）违章指挥，强令工人违章冒险作业的；

3）未按规定进行安全生产教育和培训并经考核合格，允许从业人员上岗，致使违章作业的；

4）制造、销售、使用国家明令淘汰或者不符合国家标准的设施、设备、器材或者产品的；

5）超能力、超强度、超定员组织生产经营，拒不执行有关部门整改指令的；

6）拒绝执法人员进行现场检查或者在被检查时隐瞒事故隐患，不如实反映情况的；

7）有其他不履行或者不正确履行安全生产管理职责的。

《暂行规定》第十三条规定：国有企业及其工作人员有下列行为之一的，对有关责任人员，给予记过或者记大过处分；情节较重的，给予降级、撤职或者留用察看处分；情节严重的，给予开除处分：

1）对发生的生产安全事故瞒报、谎报或者拖延不报的；

2）组织或者参与破坏事故现场、出具伪证或者隐匿、转移、篡改、毁灭有关证据，阻挠事故调查处理的；

3）生产安全事故发生后，不及时组织抢救或者擅离职守的。

生产安全事故发生后逃匿的，给予开除处分。

《暂行规定》第十五条规定：国有企业负责人及其配偶、子女及其配偶违反规定在煤矿等企业投资入股或者在安全生产领域经商办企业的，对由国家行政机关任命的人员，给予警告、记过或者记大过处分；情节较重的，给予降级、撤职或者留用察看处分；情节严重的，给予开除处分。

十 《安全生产监管监察职责和行政执法责任追究的暂行规定》相关知识点

《安全生产监管监察职责和行政执法责任追究的暂行规定》（国家安全生产监督管理总局令第24号）自2009年10月1日起施行。该规定分为六章四十七条，各章内容为：第一章总则，第二章安全生产监管监察和行政执法职责，第三章责任追究的范围与承担责任的主体，第四章责任追究的方式与适用，第五章责任追究的机关与程序，第六章附则。制定该规定的目的，是根据《公务员法》《安全生产法》《安全生产许可证条例》等法律法规和国务院有关规定，为促进安全生产监督管理部门、煤矿安全监察机构及其行政执法人员依法履行职责，落实行政执法责任，保障公民、法人和其他组织合法权益。该规定适用于县级以上人民政府安全生产监督管理部门、煤矿安全监察机构（以下统称安全监管监察部门）及其内设机构、行政执法人员履行安全生产监管监察职责和实施行政执法责任追究。

该规定所称行政执法责任追究，是指对作出违法、不当的安全监管监察行政执法行为（以下简称行政执法行为），或者未履行法定职责的安全监管监察部门及其内设机构、行政执法人员，实施行政责任追究（以下简称责任追究）。

1. 对安全生产监管监察和行政执法职责的有关规定

《安全生产监管监察职责和行政执法责任追究的暂行规定》第七条规定：安全监管监察部门应当按照各自权限，依照法律、法规、规章和国家标准或者行业标准规定的安全生产条件和程序，履行下列行政许可职责：

1）矿山建设项目和用于生产、储存危险物品的建设项目安全设施的设计审查、竣工验收；

2）矿山企业、危险化学品和烟花爆竹生产企业的安全生产许可；

3）危险化学品经营许可；

4）非药品类易制毒化学品生产、经营许可；

5）烟花爆竹经营（批发、零售）许可；

6）矿山、危险化学品、烟花爆竹生产经营单位主要负责人、安全生产管理人员的安全资格认定和特种作业人员（特种设备作业人员除外）操作资格认定；

7）煤矿矿用产品安全标志认证机构资质的认可；

8）矿山救护队资质认定；

9）安全生产检测检验、安全评价机构资质的认可；

10）安全培训机构资质的认可；

11）使用有毒物品作业场所职业卫生安全许可；

12）注册助理安全工程师资格、注册安全工程师执业资格的考试和注册；

13）法律、行政法规和国务院设定的其他行政许可。

第八条规定：安全监管监察部门应当按照年度安全监管和煤矿安全监察执法工作计划、现场检查方案，对生产经营单位是否具备有关法律、法规、规章和国家标准或者行业标准规定的安全生产条件进行监督检查，重点监督检查下列事项：

1）依法取得有关安全生产行政许可的情况；

2）作业场所职业危害防治的情况；

3）建立和落实安全生产责任制、安全生产规章制度和操作规程、作业规程的情况；

4）按照国家规定提取和使用安全生产费用、安全生产风险抵押金，以及其他安全生产投入的情况；

5）依法设置安全生产管理机构和配备安全生产管理人员的情况；

6）从业人员受到安全生产教育、培训，取得有关安全资格证书的情况；

7）新建、改建、扩建工程项目的安全设施与主体工程同时设计、同时施工、同时投入生产和使用，以及按规定办理设计审查和竣工验收的情况；

8）在有较大危险因素的生产经营场所和有关设施、设备上，设置安全警示标志的情况；

9）对安全设备设施的维护、保养、定期检测的情况；

10）重大危险源登记建档、定期检测、评估、监控和制定应急预案的情况；

11）教育和督促从业人员严格执行本单位的安全生产规章制度和安全操作规程，并向从业人员如实告知作业场所和工作岗位存在的危险因素、防范措施以及事故应急措施的情况；

12）为从业人员提供符合国家标准或者行业标准的劳动防护用品，并监督、教育从业人员按照使用规则正确佩戴和使用的情况；

13）在同一作业区域内进行生产经营活动，可能危及对方生产安全的，与对方签订安全生产管理协议，明确各自的安全生产管理职责和应当采取的安全措施，并指定专职安全生产管理人员进行安全检查与协调的情况；

14）对承包单位、承租单位的安全生产工作实行统一协调、管理的情况；

15）组织安全生产检查，及时排查治理生产安全事故隐患的情况；

16）制定、实施生产安全事故应急预案，以及有关应急预案备案的情况；

17）危险物品的生产、经营、储存单位以及矿山企业建立应急救援组织或者兼职救援队伍、签订应急救援协议，以及应急救援器材、设备的配备、维护、保养的情况；

18）按照规定报告生产安全事故的情况；

19）依法应当监督检查的其他情况。

第九条规定：安全监管监察部门在监督检查中，发现生产经营单位存在安全生产违法行为或者事故隐患的，应当依法采取下列现场处理措施：

1）当场予以纠正；

2）责令限期改正、责令限期达到要求；

3）责令立即停止作业（施工）、责令立即停止使用、责令立即排除事故隐患；

4）责令从危险区域撤出作业人员；

5）责令暂时停产停业、停止建设、停止施工或者停止使用；

6）依法应当采取的其他现场处理措施。

2. 责任追究的范围与承担责任的主体有关规定

《安全生产监管监察职责和行政执法责任追究的暂行规定》第十八条规定：安全监管监察部门及其内设机构、行政执法人员履行本规定第二章规定的行政执法职责，有下列违法或者不当的情形之一，致使行政执法行为被撤销、变更、确认违法，或者被责令履行法定职责、承担行政赔偿责任的，应当实施责任追究：

1）超越、滥用法定职权的；

2）主要事实不清、证据不足的；

3）适用依据错误的；

4）行政裁量明显不当的；

5）违反法定程序的；

6）未按照年度安全监管或者煤矿安全监察执法工作计划、现场检查方案履行法定职责的；

7）其他违法或者不当的情形。

第二十六条规定：因执行上级安全监管监察部门的指示、批复，致使行政执法行为违法或者不当的，由作出指示、批复的上级安全监管监察部门承担责任。因请示、报告单位隐瞒事实或者未完整提供真实情况等原因，致使上级安全监管监察部门作出错误指示、批复的，由请示、报告单位承担责任。

3. 责任追究方式与适用的有关规定

《安全生产监管监察职责和行政执法责任追究的暂行规定》第三十条规定：对安全监管监察部门及其内设机构的责任追究包括下列方式：

1）责令限期改正；

2）通报批评；

3）取消当年评优评先资格；

4）法律、法规和规章规定的其他方式。

对行政执法人员的责任追究包括下列方式：

1）批评教育；

2）离岗培训；

3）取消当年评优评先资格；

4）暂扣行政执法证件；

5）调离执法岗位；

6）法律、法规和规章规定的其他方式。

第三十二条规定：违法或者不当行政执法行为的情节较轻、危害较小的，对安全监管监察部门责令限期改正，对行政执法人员予以批评教育或者离岗培训，并取消当年评优评先资格。违法或者不当行政执法行为的情节较重、危害较大的，对安全监管监察部门责令限期改正，予以通报批评，并取消当年评优评先资格；对行政执法人员予以调离执法岗位或者暂扣行政执法证件，并取消当年评优评先资格。

第三十九条规定：有下列情形之一的，应当从重追究责任：

1）因违法、不当行政执法行为或者不履行法定职责，严重损害国家声誉，或者造成恶劣社会影响，或者致使公共财产、国家和人民利益遭受重大损失的；

2）滥用职权、玩忽职守、徇私舞弊，致使行政执法行为违法、不当的；

3）弄虚作假、隐瞒真相，干扰、阻碍责任追究的；

4）对检举人、控告人、申诉人和实施责任追究的人员打击、报复、陷害的；

5）一年内出现两次以上应当追究责任的情形的；

6）依法应当从重追究责任的其他情形。

4. 责任追究的机关与程序的有关规定

《安全生产监管监察职责和行政执法责任追究的暂行规定》第四十条规定：安全生产监督管理部门及其负责人的责任，按照干部管理权限，由其上级安全生产监督管理部门或者本级人民政府行政监察机关追究；所属内设机构和其他行政执法人员的责任，由所在安全生产监督管理部门追究。

煤矿安全监察机构及其负责人的责任，按照干部管理权限，由其上级煤矿安全监察机构追究；所属内设机构及其行政执法人员的责任，由所在煤矿安全监察机构追究。

十一 《冶金企业安全生产监督管理规定》相关知识点

《冶金企业安全生产监督管理规定》（国家安全生产监督管理总局令第 26 号）自 2009 年 11 月 1 日起施行。该规定分为五章三十九条，各章内容为：第一章总则，第二章安全保障，第三章监督管理，第四章罚则，第五章附则。制定该规定的目的，是根据安全生产法等法律、行政法规，为了加强冶金企业安全生产监督管理工作，防止和减少生产安全事故和职业危害，保障从业人员的生命安全与健康。该规定适用于从事炼铁、炼钢、轧钢、铁合金生产作业活动和钢铁企业内与主工艺流程配套的辅助工艺环节的安全生产及其监督管理。

《冶金企业安全生产监督管理规定》明确：国家安全生产监督管理总局对全国冶金安全生产工作实施监督管理。县级以上地方人民政府安全生产监督管理部门按照属地监管、分级负责的原则，对本行政区域内的冶金安全生产工作实施监督管理。冶金企业是安全生产的责任主体，其主要负责人是本单位安全生产第一责任人，相关负责人在各自职责内对本单位安全生产工作负责。集团公司对其所属分公司、子公司、控股公司的安全生产工作负管理责任。

1．对安全保障的有关规定

《冶金企业安全生产监督管理规定》规定：冶金企业应当遵守有关安全生产法律、法规、规章和国家标准或者行业标准的规定。焦化、氧气及相关气体制备、煤气生产（不包括回收）等危险化学品生产单位应当按照国家有关规定，取得危险化学品生产企业安全生产许可证。

冶金企业应当建立健全安全生产责任制和安全生产管理制度，完善各工种、岗位的安全技术操作规程。冶金企业的从业人员超过300人的，应当设置安全生产管理机构，配备不少于从业人员3‰比例的专职安全生产管理人员；从业人员在300人以下的，应当配备专职或者兼职安全生产管理人员。

《冶金企业安全生产监督管理规定》规定：冶金企业应当保证安全生产所必须的资金投入，并用于下列范围：

1）完善、改造和维护安全防护设备设施；

2）安全生产教育培训和配备劳动防护用品；

3）安全评价、重大危险源监控、重大事故隐患评估和整改；

4）职业危害防治，职业危害因素检测、监测和职业健康体检；

5）设备设施安全性能检测检验；

6）应急救援器材、装备的配备及应急救援演练；

7）其他与安全生产直接相关的物品或者活动。

《冶金企业安全生产监督管理规定》规定：冶金企业应当定期对从业人员进行安全生产教育和培训，保证从业人员具备必要的安全生产知识，了解有关的安全生产法律法规，熟悉规章制度和安全技术操作规程，掌握本岗位的安全操作技能。未经安全生产教育和培训合格的从业人员，不得上岗作业。

冶金企业应当按照有关规定对从事煤气生产、储存、输送、使用、维护检修的人员进行专门的煤气安全基本知识、煤气安全技术、煤气监测方法、煤气中毒紧急救护技术等内容的培训，并经考核合格后，方可安排其上岗作业。

冶金企业应当对本单位存在的各类危险源进行辨识，实行分级管理。对于构成重大危险源的，应当登记建档，进行定期检测、评估和监控，并报安全生产监督管理部门备案。

冶金企业应当按照国家有关规定，加强职业危害的防治与职业健康监护工作，采取有效措施控制职业危害，保证作业场所的职业卫生条件符合法律、行政法规和国家标准或者行业标准的规定。

冶金企业应当建立隐患排查治理制度，开展安全检查；

对检查中发现的事故隐患，应当及时整改；暂时不能整改完毕的，应当制定具体整改计划，并采取可靠的安全保障措施。检查及整改情况应当记录在案。

冶金企业应当建立安全检查与隐患整改记录、安全培训记录、事故记录、从业人员健康监护记录、危险源管理记录、安全资金投入和使用记录、安全管理台账、劳动防护用品发放台账、“三同时”审查和验收资料、有关设计资料及图纸、安全预评价报告、安全专篇、安全验收评价报告等档案管理制度，对有关安全生产的文件、报告、记录等及时归档。

冶金企业的会议室、活动室、休息室、更衣室等人员密集场所应当设置在安全地点，不得设置在高温液态金属的吊运影响范围内。

冶金企业应当在煤气储罐区等可能发生煤气泄漏、聚集的场所，设置固定式煤气检测报警仪，建立预警系统，悬挂醒目的安全警示牌，并加强通风换气。进入煤气区域作业的人员，应当携带煤气检测报警仪器；在作业前，应当检查作业场所的煤气含量，并采取可靠的安全防护措施，经检查确认煤气含量符合规定后，方可进入作业。

冶金企业应当为从业人员配备与工作岗位相适应的符合国家标准或者行业标准的劳动防护用品，并监督、教育从业人员按照使用规则佩戴、使用。从业人员在作业过程中，应当严格遵守本单位的安全生产规章制度和操作规程，服从管理，正确佩戴和使用劳动防护用品。

冶金企业从事检修作业前，应当制定相应的安全技术措施及应急预案，并组织落实。对危险性较大的检修作业，其安全技术措施和应急预案应当经本单位负责安全生产管理的机构审查同意。在可能发生火灾、爆炸的区域进行动火作业，应当按照有关规定执行动火审批制度。

冶金企业应当积极开展安全生产标准化工作，逐步提高企业的安全生产水平。

2. 对监督管理的有关规定

《冶金企业安全生产监督管理规定》规定：安全生产监督管理部门及其监督检查人员应当加强对冶金企业安全生产的监督检查，对违反安全生产法律、法规、规章、国家标准或者行业标准和本规定的安全生产违法行为，依法实施行政处罚。

安全生产监督管理部门应当加强对监督检查人员的冶金专业知识培训，提高行政执法能力。安全生产监督管理部门应当为进入冶金企业特定作业场所进行监督检查的人员，配备必需的个体防护用品和监测检查仪器。

3. 对罚则的有关规定

《冶金企业安全生产监督管理规定》规定：冶金企业有下列行为之一的，责令限期改正；逾期未改正的，处2万元以下的罚款：

1）安全预评价报告、安全专篇、安全验收评价报告未按照规定备案的；

2）煤气生产、输送、使用、维护检修人员未经培训合格上岗作业的；

3）未从合法的劳务公司录用劳务人员，或者未与劳务公司签订合同，或者未对劳务人员进行统一安全生产教育和培训的。

十二　《关于进一步加强煤矿安全基础管理的通知》相关知识点

2008 年 12 月 23 日，国家安全生产监督管理总局、国家煤矿安全监察局下发《关于进一步加强煤矿安全基础管理的通知》（安监总煤行［2008］215 号）。通知指出：国家安全监管总局、国家煤矿安监局等 7 部门《关于加强国有重点煤矿安全基础管理的指导意见》（安监总煤矿［2006］116 号）和《关于加强小煤矿安全基础管理的指导意见》（安监总煤调［2007］95 号）（以下简称两个《指导意见》）下发后，各地区、各部门和广大煤矿企业认真贯彻落实，全力推进安全基础管理工作，促使煤矿安全状况不断改善。为深入贯彻落实好两个《指导意见》，有效防范和遏制重特大事故，需要进一步加强煤矿安全基础管理工作。

通知的主要内容为：

1. 进一步提高认识，明晰加强安全基础管理工作的思路

（1）充分认识进一步加强煤矿安全基础管理工作的重要性。煤矿安全基础管理是煤矿安全生产的根基。加强煤矿安全基础管理，是控制煤矿安全风险、提高煤矿安全保障能力的需要，是实现煤炭工业安全发展的重要保障。只有不断加强煤矿安全基础管理工作，实现煤矿安全管理的科学化、规范化，才能从根本上扭转煤矿生产安全事故多发的状况，实现煤矿安全生产的长治久安。各单位必须真正把加强安全

基础管理工作摆上重要位置，加强领导、明确责任，突出重点、狠抓落实，促进安全基础管理工作再上新水平。

（2）明晰安全基础管理工作的思路。深入贯彻落实科学发展观，坚持安全发展，构建煤矿安全生产长效机制，以煤矿安全质量标准化建设为主线，加强指导、分步推进，严格监管、强化监察，督促煤矿企业达到"系统可靠、装备先进、管理到位、素质提高"的总体要求。通过加强安全基础管理，使煤矿的安全管理水平明显提升，安全生产条件明显改善，从业人员素质明显提高，生产安全事故明显下降。

2．抓住关键环节，确保矿井系统可靠

（3）矿井系统要齐全。必须按照《煤矿安全规程》《煤矿企业安全生产许可证实施办法》等规定，建立健全矿井通风、供电、提升、运输、排水、安全监控、防尘供水、通讯和压风等系统，应抽采瓦斯的矿井要建立瓦斯抽采系统，开采易自燃、自燃煤层的要建立防灭火系统和火灾监测系统，确保矿井系统齐全可靠。

（4）矿井系统要合理。煤矿必须按照《煤矿安全规程》《煤炭工业矿井设计规范》等标准、规范的要求，设计和建设矿井的各个系统，设备和设施的选型、安装位置和数量、工程质量等要符合有关规定。要根据煤层开采条件，科学合理地确定开拓部署，优化生产系统，采用正规采煤方法，合理组织生产。

（5）矿井系统要完好。必须对矿井通风、主副提升、主排水、供电等系统进行定期检测检验、维护保养和全面排查，制定各系统相关管理措施，对系统的可靠性进行分析评价，对排查出的问题，要及时采取措施进行整改，确保系统完好、运行可靠。

3. 加快改造提升，确保技术装备先进

(6) 淘汰落后装备。煤矿企业要按照《禁止井工煤矿使用的设备及工艺目录》等有关要求，及时淘汰国家明令禁止使用的设备，禁止使用超期服役和不符合《煤矿安全规程》规定的电气设备，坚决取缔井下人力、畜力、三轮车运输。

(7) 提升机械化水平。煤矿企业要逐步提高采掘机械化程度，淘汰落后的采煤工艺和方法。煤层赋存稳定的矿井，要大力发展机械化开采。有条件的煤矿要重点发展综合机械化，推广使用大采高综采技术装备，鼓励采用全自动化采煤和使用钻、装、锚一体化掘进工艺。要积极推广使用大倾角综采、薄煤层机采等新技术、新装备，进一步提升机械化水平。

(8) 确保装备可靠。煤矿企业要切实加大安全投入，对在用的安全可靠性差、不能满足矿井安全生产需要的设备和设施进行技术升级和更新改造。要严格落实设备定期检测、维护、保养和检修制度，并严格验收，提高矿井装备的安全可靠性。

4. 采取有效措施，确保安全管理到位

(9) 落实安全管理责任。煤矿企业要按照两个《指导意见》的要求，依法建立健全安全管理机构，配齐安全管理人员。进一步梳理、细化现有的安全管理制度，把通风、防瓦斯、防尘、防灭火、防治水和顶板、提升运输、火工品管理、应急救援等各个管理环节、各个岗位的工作程序和要求，全部纳入规范化、制度化管理轨道，并根据不断出现的新情况、新问题，及时修订、完善。要落实企业法定代表人、分管负责人、技术负责人和各岗位人员的安全生产责任，形成健全完善的安全生产责任体系，严格考核和责任追究，加大安全奖励和处罚力度，确保安全管理责任落实到位。

（10）强化现场安全管理。煤矿区队长、班组长要强化安全意识和责任意识，组织工人严格按照安全规程、作业规程、操作规程作业。现场存在重大隐患时要立即停止作业，采取措施进行处理；存在险情时必须立即将作业人员撤离到安全地点。煤矿负责人和安全管理人员要按照规定切实履行下井带班职责，深入井下一线组织生产，监督检查各区队、班组安全生产状况，严肃查处作业过程中的“三违”行为。

（11）深化隐患排查治理。要根据《安全生产事故隐患排查治理暂行规定》（国家安全监管总局令第16号），制定本企业的隐患排查治理和报告制度。要立足查大系统、治大隐患、防大事故，以瓦斯、水害等为重点，定期对矿井的采、掘、机、运、通等各个系统和环节进行专业化排查。对发现的安全隐患，要立即进行整改；一时整改不了的，要停止作业，在采取针对性安全措施后，制定整改方案和应急预案，落实资金和责任，限期整改，并按程序组织验收。

（12）推进安全质量达标。煤矿企业要明确安全质量标准化管理机构和人员，健全和完善安全质量标准化监督检查和考核验收制度，明确管理责任，细化标准和考评办法，切实抓好安全质量标准化达标工作。区队每周、煤矿每月、集团公司每季度至少要组织一次检查验收，根据考核结果实施奖惩。对工程质量未达标的，要对照标准及时进行整改，确保矿井各系统以及设备、设施的安全质量标准化全面、动态达标。

5. 加强安全教育培训，确保职工素质提高

（13）严格安全资格准入。煤矿矿长和分管安全、生产、机电的副矿长、总工程师（技术负责人）要达到两个《指导意见》有关安全资格准入的条件。其他井下从业人员要逐步达到具有初中以上文化程度，按规定参加培训，经考核合格并在有经验的职工带领下实习满4个月后方可独立上岗工作，严禁未经培训或培训不合格者入井作业。

（14）强化全员安全培训。煤矿企业是安全生产教育和培训的责任主体，要采取多种形式，对从业人员进行安全规程、作业规程、操作规程、岗位标准、操作技能及自救互救等安全生产知识培训，增强职工实际操作和应急处置能力。要组织开展岗位练兵和技术比武，建立师徒合同制度，开展安全警示教育，提高全员安全意识和安全技能。

（15）提高安全培训质量。安全培训机构必须取得相应的资质证书，严格按照统一大纲组织教学，并按规定的内容和时间对各类人员进行培训，严格教学管理，改进教学方法，按规定配备实验设备和装备，对职工进行实践操作训练，增强培训针对性。

通知还要求加强行业安全基础管理，强化安全基础管理的监管监察，要严肃查处违法违规生产行为，促进煤矿企业逐步提高安全基础管理水平。

十三 《关于深入持久开展煤矿安全质量标准化工作的指导意见》

2009年6月12日，国家安全生产监督管理总局、国家煤矿安全监察局下发《关于深入持久开展煤矿安全质量标准化工作的指导意见》（安监总煤行［2009］117号）。《关于深入持久开展煤矿安全质量标准化工作的指导意见》指出：为强化煤矿企业安全生产主体责任，促使各类煤矿逐步建立起自我约束、持续改进的安全生产长效机制，加强煤矿安全生产规范化管理，夯实煤矿安全生产基础，有效防范和遏制重特大事故，推动安全生产状况的持续稳定好转，现就深入持久开展煤矿安全质量标准化工作提出以下指导意见。

1. 开展煤矿安全质量标准化工作的重要性

安全质量标准化是加强煤矿安全基层基础管理工作的有效措施。安全质量标准化是在继承以往质量标准化工作基础上不断创新、逐步发展完善形成的一套行之有效的安全质量管理体系和方法，深入持久地组织开展煤矿安全质量标准化建设是提升煤矿安全生产保障能力建设的有效措施，突出体现了安全生产基层、基础工作的重要地位，体现了全员、全过程、全方位安全管理和以人为本、科学发展的核心理念。近年来，各地区、各煤矿企业结合实际开展煤矿安全质量标准化工作，强化安全基础，提升安全保障能力，为促进全国煤矿安全生产状况稳定好转做出了贡献。但是，煤矿安全质量标准化工作总体水平仍然偏低，各地进展不平衡，不能适应新时期、新形势对煤炭工业安全发展的新要求。各地区、各煤矿企业要进一步提高认识，增强责任感和使命感，加快完善与新要求、新任务相适应的煤矿安全质量标准化工作体系，精心组织，强力推进，把煤矿安全质量标准化工作深入持久地开展下去，为促进煤矿安全生产状况的持续稳定好转、进而实现根本好转奠定基础。

2. 指导思想和工作目标

（1）指导思想。以科学发展观为统领，坚持安全发展、以人为本，坚持“安全第一、预防为主、综合治理”的安全生产方针，进一步强化责任意识，加强全员、全过程、全方位的安全管理；通过深入持久地开展安全质量标准化，强化过程控制，切实加强基层、基础工作；逐步建立煤矿企业自我约束、持续改进的安全生产长效机制，从根本上促进煤矿安全状况持续稳定好转。

（2）工作目标。到2012年底，全国煤矿安全质量标准化达标率达到以下目标：大型煤矿（≥120万吨/年）95%以上；中型煤矿（120~30万吨/年）80%以上；小型煤矿（≤30万吨/年）60%以上。

各地区和各煤矿企业要全面开展煤矿安全质量标准化工作，制定工作目标和达标规划，确保工作目标的完成。

3. 标准制定

（1）标准制定的依据。①煤矿安全生产法律、法规，国家安全监管总局和国家煤矿安监局公布施行的《煤矿安全规程》等有关煤矿安全生产的标准、部门规章以及规范性文件；②国家安全监管总局等7部门《关于加强国有重点煤矿安全基础管理的指导意见》（安监总煤矿［2006］

116号）和《关于加强小煤矿安全基础管理的指导意见》（安监总煤调［2007］95号）；③国家煤矿安监局印发的《煤矿安全质量标准化标准及考核评级办法（试行）》（煤安监办字［2004］24号）；④省级人民政府公布施行的有关煤矿安全生产的地方性法规和规范性文件。

（2）标准适用范围。依法取得各种必备证照的生产矿井。新建、改扩建、技术改造、资源整合矿井竣工验收时必须达到安全质量标准化煤矿标准。

（3）标准的主要内容。煤矿安全质量标准化标准包括必备条件和专业项目的基本要求等内容。①必备条件。依法取得"六证"（采矿许可证、煤矿安全生产许可证、煤炭生产许可证、矿长资格证、矿长安全资格证、营业执照）且合法有效的生产矿井；考核年度内实现安全考核目标，其中一级煤矿安全质量标准化矿井考核年度内未发生死亡事故；采掘关系正常；按规定建立健全瓦斯抽采系统，做到抽采平衡；监测监控系统可靠有效；按规定建立防治水、防灭火、防尘系统；未使用国家明令淘汰的采煤工艺和支护方式；无超层越界开采等违法违规行为。②专业项目。必须包括采煤、掘进、机电、运输、通风、地测防治水、安全管理等专业项目。小型煤矿还必须增加地面设施专业项目。标准中应确定各专业项目的必备条件和考核内容。

安全管理专业项目主要包括机构设置、人员配备、安全规章制度、安全费用提取及使用、隐患排查治理、应急预案、安全培训、调度通讯等专项内容；地面设施专业项目主要指"两堂一舍"（即职工食堂、职工浴室和职工宿舍）及矿容矿貌。

各产煤省（区、市）和新疆生产建设兵团可结合本地实际情况，增加或调整专业项目及专业项目所包括的专项内容。

（4）标准制定。各产煤省（区、市）和新疆生产建设兵团负有煤矿安全质量标准化工作职责的部门（以下统称省级标准化工作部门），按照标准制定的依据、范围、内容，结合本地实际，组织制定本地区煤矿安全质量标准化标准，并报国家煤矿安监局备案。

中央企业煤矿按照属地管理的原则，执行所在省（区、市）的标准。

露天煤矿标准由相关省（区、市）参照有关规定制定。

国家安全监管总局、国家煤矿安监局将适时组织制定并发布国家级安全质量标准化煤矿考核办法。

4．考核评级

（1）等级设定。安全质量标准化煤矿分为国家级、一级、二级、三级共四个等级。国家级安全质量标准化煤矿由国家煤矿安监局负责评定，一级、二级、三级安全质量标准化煤矿由各省级标准化工作部门负责评定。省级标准化工作部门可采用综合评分的办法确定一级、二级、三级的最低得分；各专业项目应分别设定一、二、三级考评分数，根据各专业项目的重要程度合理确定在综合评分中的权重。

（2）考评方式。安全质量标准化煤矿实行分级检查考评，可采取定期考评与动态抽检相结合的办法进行。各省级标准化工作部门每半年组织一次抽检，市（地）每季度组织一次抽检，集团公司（矿务局）每季度普查一次，矿每月进行一次全面检查。各等级抽检比例由各省级标准化工作部门确定。地方各级政府有关部门和煤矿企业要将安全质量标准化作为日常监督检查的重要内容，每次检查的资料、记录要及时存档，作为年终评级考核的依据。

（3）考核定级。安全质量标准化煤矿按年度进行考核评级，按照企业申请、分级考评、检查认定的原则进行。具体的考核定级程序、权限和时间要求由各省级标准化工作部门负责制定并组织考核定级。中央企业所属煤矿的考核定级，按照属地管理的原则，一并纳入所在省（区、市、兵团）考核定级范围。

对中央企业的煤矿组织安全质量标准化考核定级时应会同煤矿上一级公司进行。

（4）公布表彰。各省级标准化工作部门对考核认定的安全质量标准化煤矿要发布公告，公告期满没有异议的予以公布表彰。

各省级标准化工作部门每年 1 月底前将上年考核认定的结果抄送省级煤矿安全监察机构，涉及中央企业煤矿的还应抄送有关中央企业总部。一级安全质量标准化煤矿名单报国家煤矿安监局。

5. 工作要求

（1）统筹规划，完善标准。各省级标准化工作部门要按照本指导意见的要求，结合本地实际，组织制定本地区煤矿安全质量标准化标准及考核评级办法。已制定标准的，要按照本指导意见的要求进行补充完善；尚未制定标准的，要在 2009 年 9 月底前完成标准的制定和发布实施，涉及中央企业煤矿的应抄送有关中央企业总部。

（2）因地制宜，突出重点。各地区要紧密结合本地煤炭开采条件、灾害种类和程度、大中小型煤矿安全管理水平和从业人员素质等因素，找准本地区煤矿安全质量标准化工作存在的突出问题和薄弱环节，适当调整和合理确定各专业项目的评级权重。

（3）分类指导，逐矿达标。各地区及各煤矿企业要摸清本辖区、本企业煤矿安全质量标准化的总体水平，按照制定的达标规划，对不同类型、不同等级的煤矿实施分类管理、分类指导；结合日常监督检查，对照标准逐矿进行考核评估，找出差距和问题，确定整改达标的重点，及时督促整改，最终实现全过程、全方位动态达标。

（4）加大投入，鼓励创新。各地区在推进煤矿安全质量标准化工作过程中，要结合本地开采条件及主要灾害，制定相应政策，落实专项资金，加大对煤矿安全质量标准化建设的投入，切实推进煤矿安全生产条件的改善；鼓励煤矿企业推广应用新技术、新设备，强力推行煤矿机械化开采、瓦斯抽采等新技术，广泛应用信息化、自动化及监测监控等手段，发挥科学技术对提升煤矿安全保障水平的重要作用；鼓励煤矿企业与科研院所加强合作，解决影响煤矿安全的突出问题。

（5）注重实际，务求实效。标准化建设是一项长期持久的工作，要注重实际，把工作的重点放在现场，充分发挥区队、班组在安全质量标准化建设中的主导作用；要注重过程控制，坚决防止重考评、轻建设，重结果、轻过程，务求取得实效；坚决防止走形式、走过场、做表面文章。

6. 主要措施

（1）加强组织领导，狠抓责任落实。各省级标准化工作部门要切实加强组织领导，按照本指导意见的要求，建立煤矿安全质量标准化工作机制，落实工作职责，抓紧制定达标规划。各产煤市（地）、县（市、区）也要明确负责安全质量标准化工作的部门或机构，完善责任制，建立奖惩制度，严格监督检查和考核评级，确保达标规划的落实。各级煤矿安全监管监察部门要做好督促指导工作，扎实有效推进煤矿安全质量标准化工作的深入开展。

（2）建立和完善工作体系。各煤矿企业要建立和完善煤矿安全质量标准化工作体系，明确分管负责人和分管业务部门，配备足够的专业技术人员，健全完善相关规章制度，明确岗位职责；建立并严格执行安全质量标准考核制度，完善各级领导、各部门、各工种、各岗位安全生产责任制，坚持定期检查和随机抽查相结合，严格考核，使煤矿各生产系统和环节始终处于安全生产的良好状态，实现安全质量标准化由点、线、面达标向全过程、全方位动态达标的提升。

（3）突出重点难点，狠抓关键环节。煤矿安全质量标准化建设贯穿矿井生产活动的全过程，“采、掘、机、运、通”是重点，“一通三防”是重中之重。要突出“一通三防”和防治水关键环节，着重在事故多发点、管理薄弱点上下功夫；要突出抓好小型煤矿安全质量标准化工作，把安全质量标准化作为实现管理强矿的一项重要基础工作来抓。按照《关于加强小煤矿安全基础管理的指导意见》要求，督促指导小型煤矿建立健全矿井安全质量标准化工作机构和各项管理制度，配备专业技术人员，制定达标计划。

（4）坚持“四个结合”，做到相互促进。一是与隐患排查治理相结合，对照安全质量标准化标准查找差距和漏洞，进行专项整治，及时消除事故隐患；二是与瓦斯治理相结合，把瓦斯治理作为安全质量达标的重点之一，切实做到通风可靠、抽采达标、监控有效、管理到位；三是与煤矿整顿关闭相结合，通过安全质量标准化提高安全准入门槛，对达标无望的小型煤矿，要列入关闭计划，及时予以关闭；四是与新建、改扩建、资源整合矿井竣工验收相结合，工程投产验收时，安全质量必须达标。

（5）建立激励约束机制。鼓励各地和煤矿企业制定出台有利于推进煤矿安全质量标准化工作的政策措施和奖惩制度，充分调动煤矿企业抓好安全质量标准化工作的积极性。实行煤矿安全质量目标管理，把安全质量标准化与收入分配、干部业绩考核和使用挂钩，形成强有力的约束机制。对达标煤矿和长期保持安全质量标准的煤矿，给予必要的物质和精神奖励，形成激励机制。

（6）选树典型，加大宣传力度。各地在开展煤矿安全质量标准化工作过程中，要注重培育先进典型，选树一批安全质量标准化"示范煤矿"，及时总结推广先进经验；要结合开展安全生产宣传教育行动，采取各种方式，大力宣传新时期开展煤矿安全质量标准化工作的重大意义，不断提高煤矿经营者和广大职工的责任意识和创新意识，通过典型引路、以点带面，引导和带动本地煤矿企业深入持久开展安全质量标准化工作的积极性和主动性。

国家安全监管总局、国家煤矿安监局将适时组织学习交流和交叉互检，促进全国煤矿安全质量标准化工作深入全面开展。

十四 《煤矿生产安全事故报告和调查处理规定》相关知识点

《煤矿生产安全事故报告和调查处理规定》（安监总政法［2008］212 号）自 2008 年 12 月 11 日起施行。该规定分为六章三十八条，各章内容为：第一章总则，第二章事故分级，第三章事故报告，第四章事故现场处置和保护，第五章事故调查，第六章事故处理。制定该规定的目的，是依照《生产安全事故报告和调查处理条例》《煤矿安全监察条例》和国务院有关规定，为了规范煤矿生产安全事故报告和调查处理，落实事故责任追究，防止和减少煤矿生产安全事故。该规定所称煤矿生产安全事故（以下简称事故），是指各类煤矿（包括与煤炭生产直接相关的煤矿地面生产系统、附属场所）发生的生产安全事故。

《煤矿生产安全事故报告和调查处理规定》明确：特别重大事故由国务院或者根据国务院授权，由国家安全生产监督管理总局组织调查处理。特别重大事故以下等级的事故按照事故等级划分，分别由相应的煤矿安全监察机构负责组织调查处理。

1. 对事故分级的有关规定

《煤矿生产安全事故报告和调查处理规定》规定：根据事故造成的人员伤亡或者直接经济损失，煤矿事故分为以下等级：

1）特别重大事故，是指造成 30 人以上死亡，或者 100 人以上重伤（包括急性工业中毒，下同），或者 1 亿元以上直接经济损失的事故；

2）重大事故，是指造成10人以上30人以下死亡，或者50人以上100人以下重伤，或者5 000万元以上1亿元以下直接经济损失的事故；

3）较大事故，是指造成3人以上10人以下死亡，或者10人以上50人以下重伤，或者1 000万元以上5 000万元以下直接经济损失的事故；

4）一般事故，是指造成3人以下死亡，或者10人以下重伤，或者1 000万元以下直接经济损失的事故。

本条所称的“以上”包括本数，所称的“以下”不包括本数。

2. 对事故报告的有关规定

《煤矿生产安全事故报告和调查处理规定》规定：煤矿发生事故后，事故现场有关人员应当立即报告煤矿负责人；煤矿负责人接到报告后，应当于1小时内报告事故发生地县级以上人民政府安全生产监督管理部门、负责煤矿安全生产监督管理的部门和驻地煤矿安全监察机构。情况紧急时，事故现场有关人员可以直接向事故发生地县级以上人民政府安全生产监督管理部门、负责煤矿安全生产监督管理的部门和煤矿安全监察机构报告。

煤矿安全监察分局接到事故报告后，应当在2小时内上报省级煤矿安全监察机构。省级煤矿安全监察机构接到较大事故以上等级事故报告后，应当在2小时内上报国家安全生产监督管理总局、国家煤矿安全监察局。国家安全生产监督管理总局、国家煤矿安全监察局接到特别重大事故、重大事故报告后，应当在2小时内上报国务院。

地方人民政府安全生产监督管理部门和负责煤矿安全生产监督管理的部门接到煤矿事故报告后，应当在 2 小时内报告本级人民政府、上级人民政府安全生产监督管理部门、负责煤矿安全生产监督管理的部门和驻地煤矿安全监察机构，同时通知公安机关、劳动保障行政部门、工会和人民检察院。

报告事故应当包括下列内容：

1）事故发生单位概况（单位全称、所有制形式和隶属关系、生产能力、证照情况等）；

2）事故发生的时间、地点以及事故现场情况；

3）事故类别（顶板、瓦斯、机电、运输、放炮、水害、火灾、其他）；

4）事故的简要经过，入井人数、生还人数和生产状态等；

5）事故已经造成伤亡人数、下落不明的人数和初步估计的直接经济损失；

6）已经采取的措施；

7）其他应当报告的情况。

以上报告内容，初次报告由于情况不明没有报告的，应在查清后及时续报。事故报告后出现新情况的，应当及时补报或者续报。事故伤亡人数发生变化的，有关单位应当在发生的当日内及时补报或者续报。事故报告应当及时、准确、完整，任何单位和个人不得迟报、漏报、谎报或者瞒报事故。

3．对事故现场处置和保护的有关规定

《煤矿生产安全事故报告和调查处理规定》规定：事故

发生后，有关单位和人员应当妥善保护事故现场以及相关证据。任何单位和个人不得破坏事故现场、毁灭证据。因事故抢险救援必须改变事故现场状况的，应当绘制现场简图并做出书面记录，妥善保存现场重要痕迹、物证。抢险救灾结束后，现场抢险救援指挥部应当及时向事故调查组提交抢险救援报告及有关图纸、记录等资料。

4．对事故调查的有关规定

《煤矿生产安全事故报告和调查处理规定》规定：一般事故中造成人员死亡的，由煤矿安全监察分局组织事故调查组进行调查；没有造成人员死亡的，煤矿安全监察分局可以委托地方人民政府负责煤矿安全生产监督管理的部门或者事故发生单位组织事故调查组进行调查。

事故调查组应当坚持实事求是、依法依规、注重实效的三项基本要求和“四不放过”的原则，做到诚信公正、恪尽职守、廉洁自律，遵守事故调查组的纪律，保守事故调查的秘密，不得包庇、袒护负有事故责任的人员或者借机打击报复。

重大、较大和一般事故的事故调查组组长由负责煤矿事故调查的煤矿安全监察机构负责人担任。委托调查的一般事故，事故调查组组长由煤矿安全监察机构商事故发生地人民政府确定。

事故调查组履行下列主要职责：

1）查明事故单位的基本情况；

2）查明事故发生的经过、原因、类别、人员伤亡情况及直接经济损失；隐瞒事故的，应当查明隐瞒过程和事故真相；

3）认定事故的性质和事故责任；

4）提出对事故责任人员和责任单位的处理建议；

5）总结事故教训，提出防范和整改措施；

6）在规定时限内提交事故调查报告。

事故调查报告应当包括下列内容：

1）事故发生单位基本情况；

2）事故发生经过、事故救援情况和事故类别；

3）事故造成的人员伤亡和直接经济损失；

4）事故发生的直接原因、间接原因和事故性质；

5）事故责任的认定以及对事故责任人员和责任单位的处理建议；

6）事故防范和整改措施。

事故调查组成员应在事故调查报告上签名。

5. 对事故处理的有关规定

《煤矿生产安全事故报告和调查处理规定》规定：重大事故、较大事故、一般事故，煤矿安全监察机构应当自收到事故调查报告之日起 15 日内作出批复。特别重大事故的批复时限依照《生产安全事故报告和调查处理条例》的规定执行。

事故发生单位应当落实事故防范和整改措施。防范和整改措施的落实情况应当接受工会和职工的监督。负责煤矿安全生产监督管理的部门应当对事故责任单位落实防范和整改措施的情况进行监督检查。煤矿安全监察机构应当对事故责任单位落实防范和整改措施的情况进行监察。

十五　《生产安全事故信息报告和处置办法》相关知识点

《生产安全事故信息报告和处置办法》（国家安全生产监督管理总局令第21号）自2009年7月1日起施行。该办法分为五章二十八条，各章内容为：第一章总则，第二章事故信息的报告，第三章事故信息的处置，第四章罚则，第五章附则。制定该办法的目的，是根据《安全生产法》《生产安全事故报告和调查处理条例》等有关法律、行政法规，规范生产安全事故信息的报告和处置工作。该办法适用于生产经营单位报告生产安全事故信息和安全生产监督管理部门、煤矿安全监察机构对生产安全事故信息的报告和处置工作。

该办法规定的应当报告和处置的生产安全事故信息（以下简称事故信息），是指已经发生的生产安全事故和较大涉险事故的信息。事故信息的报告应当及时、准确和完整，信息的处置应当遵循快速高效、协同配合、分级负责的原则。

《生产安全事故信息报告和处置办法》规定：安全生产监督管理部门负责各类生产经营单位的事故信息报告和处置工作。煤矿安全监察机构负责煤矿的事故信息报告和处置工作。安全生产监督管理部门、煤矿安全监察机构应当建立事故信息报告和处置制度，设立事故信息调度机构，实行24小时不间断调度值班，并向社会公布值班电话，受理事故信息报告和举报。

1. 对事故信息报告的有关规定

《生产安全事故信息报告和处置办法》规定：生产经营单位发生生产安全事故或者较大涉险事故，其单位负责人接到事故信息报告后应当于1小时内报告事故发生地县级安全生产监督管理部门、煤矿安全监察分局。发生较大以上生产安全事故的，事故发生单位在除依照规定报告的同时，应当在1小时内报告省级安全生产监督管理部门、省级煤矿安全监察机构。发生重大、特别重大生产安全事故的，事故发生单位在除依照规定报告的同时，可以立即报告国家安全生产监督管理总局、国家煤矿安全监察局。

报告事故信息，应当包括下列内容：

1）事故发生单位的名称、地址、性质、产能等基本情况；

2）事故发生的时间、地点以及事故现场情况；

3）事故的简要经过（包括应急救援情况）；

4）事故已经造成或者可能造成的伤亡人数（包括下落不明、涉险的人数）和初步估计的直接经济损失；

5）已经采取的措施；

6）其他应当报告的情况。

使用电话快报，应当包括下列内容：

1）事故发生单位的名称、地址、性质；

2）事故发生的时间、地点；

3）事故已经造成或者可能造成的伤亡人数（包括下落不明、涉险的人数）。

2. 对事故信息处置的有关规定

《生产安全事故信息报告和处置办法》规定：安全生产

监督管理部门、煤矿安全监察机构接到生产安全事故报告后，应当按照下列规定派员立即赶赴事故现场：

1）发生一般事故的，县级安全生产监督管理部门、煤矿安全监察分局负责人立即赶赴事故现场；

2）发生较大事故的，设区的市级安全生产监督管理部门、省级煤矿安全监察局负责人应当立即赶赴事故现场；

3）发生重大事故的，省级安全监督管理部门、省级煤矿安全监察局负责人立即赶赴事故现场；

4）发生特别重大事故的，国家安全生产监督管理总局、国家煤矿安全监察局负责人立即赶赴事故现场。

上级安全生产监督管理部门、煤矿安全监察机构认为必要的，可以派员赶赴事故现场。

《生产安全事故信息报告和处置办法》规定：安全生产监督管理部门、煤矿安全监察机构应当依照有关规定定期向社会公布事故信息。任何单位和个人不得擅自发布事故信息。

3. 对罚则的有关规定

《生产安全事故信息报告和处置办法》规定：生产经营单位及其有关人员对生产安全事故迟报、漏报、谎报或者瞒报的，依照有关规定予以处罚。生产经营单位对较大涉险事故迟报、漏报、谎报或者瞒报的，给予警告，并处3万元以下的罚款。

《生产安全事故信息报告和处置办法》明确，该办法所称的较大涉险事故是指：

1）涉险10人以上的事故；

2）造成3人以上被困或者下落不明的事故；

3）紧急疏散人员500人以上的事故；

4）因生产安全事故对环境造成严重污染（人员密集场所、生活水源、农田、河流、水库、湖泊等）的事故；

5）危及重要场所和设施安全（电站、重要水利设施、危化品库、油气站和车站、码头、港口、机场及其他人员密集场所等）的事故；

6）其他较大涉险事故。

十六 《关于进一步加强和改进生产安全事故信息报告和处置工作的通知》

2010年2月9日，国家安全生产监督管理总局下发《关于进一步加强和改进生产安全事故信息报告和处置工作的通知》（安监总统计［2010］24号），该通知指出，为适应新形势下安全生产工作的需要，建立健全快速反应、运行有序的生产安全事故信息报告和处置工作机制，及时、准确掌握生产安全事故信息，启动应急预案，有效处置生产安全事故，要求进一步加强和改进生产安全事故信息报告和处置工作。通知要求：

1. 加强事故信息报告工作。全面提高生产安全事故信息报告的时效性

1）严格安全调度值班制度。各级安全监管部门和煤矿安全监察机构必须设立生产安全事故信息调度值班机构，建立健全安全调度值班制度，严格实行24小时不间断岗位值班，确保及时接报和处置生产安全事故信息。

2）严格生产安全事故信息报告制度。各级安全监管部

门和煤矿安全监察机构接到各类生产安全事故信息报告后，要严格按照事故报告的时限、内容和要求逐级上报。

3）建立健全生产安全事故报告情况通报制度。国务院安委会办公室决定从2010年开始，建立每月对各地重特大生产安全事故信息报告情况通报制度，对未按规定及时报告重特大生产安全事故的单位进行通报。各省（区、市）、市（地）安委会办公室也要建立健全生产安全事故信息报告情况的通报制度，每月对各地生产安全事故信息的报告情况进行通报，督促各地进一步加强和改进事故报告工作，全面提高生产安全事故信息报告的时效性。

4）建立生产安全事故信息报告激励约束机制。各地要建立生产安全事故信息报告的激励约束机制，将生产安全事故信息报告工作纳入各地安全生产工作绩效考核表彰奖励办法之中，与安全生产工作开展、控制指标实施和行政执法工作等一并进行考核。同时，将生产安全事故信息报告情况纳入安全生产评优评先的条件之一，对有瞒报、谎报、漏报或迟报重特大事故行为的，实行“一票否决”。

2. 加强事故现场督导，及时有效地处置生产安全事故

1）特别重大事故的现场督导。发生一次死亡30人以上的特别重大事故（含被困和下落不明的情形，以下同），国家安全监管总局、国家煤矿安监局（煤矿事故，以下同）主要领导、分管领导和有关业务司局主要负责人、应急指挥中心负责人以及省、市、县级安全监管部门、驻地煤矿安全监察机构（煤矿事故，以下同）（以下简称安全监管监察机构）的主要负责人赶赴事故现场。

2）重大事故的现场督导。发生一次死亡20～29人的重

大事故，国家安全监管总局、国家煤矿安监局分管领导和有关业务司局、应急指挥中心负责人赶赴事故现场。发生一次死亡10～19人的重大事故，或有重大社会影响的事故，国家安全监管总局、国家煤矿安监局有关业务司局、应急指挥中心有关部门负责人赶赴事故现场。发生重大事故，省、市、县级安全监管监察机构主要负责人和有关业务处（科）室的主要负责人赶赴事故现场。

3）较大及较大涉险事故的现场督导。发生一次死亡6～9人的较大事故，或受伤25～50人，或社会影响较大的事故，省级安全监管监察机构分管负责人和有关处室负责人赶赴事故现场。发生一次死亡3～5人的较大事故，或受伤10～24人或较大涉险事故，省级安全监管监察机构有关处室负责人赶赴事故现场。发生较大事故或较大涉险事故，市、县级安全监管监察机构主要负责人和有关科室主要负责人赶赴事故现场。

3．进一步完善事故举报核查和处置制度，加大事故举报核查和瞒报事故的查处力度

1）事故举报信息的核查。国家安全监管总局接到事故举报后，有关司局要通知有关地区进行核查。接到重特大事故举报后，有关司局在立即通知有关地区进行核查的同时，要派员会同有关省（区、市）安全监管监察机构，共同组织开展核查工作。各省级安全监管监察机构接到重特大事故举报后，要立即报告国家安全监管总局统计司，同时由分管负责人带队组织开展调查核实工作。接到较大事故举报后，在立即通知有关地区核查的同时，要派员会同有关市（地）政府及其安全监管部门和区域煤矿安全监察分局共同开展核

查工作。

2）瞒报事故的查处。对瞒报事故，要按照提高一个事故等级进行调查处理。瞒报重大事故的，由国家安全监管总局派出工作组，会同有关省（区、市）政府及省级安全监管监察机构，共同开展瞒报事故查处工作；瞒报较大事故的，由有关省级安全监管监察机构派出工作组，会同有关市（地）政府及其安全监管部门和区域煤矿安全监察分局共同开展瞒报事故查处工作。瞒报事故要依照《生产安全事故报告和调查处理条例》（国务院令第493号）、《刑法修正案（六）》等有关法律、法规规定进行查处。

十七　《关于在高危行业推进安全生产责任保险的指导意见》相关知识点

国家安监总局于2006年出台了《关于大力推进安全生产领域责任保险，健全安全生产保障体系的意见》（安监总政法办［2006］207号）文件，并在近年来探索推进安全生产责任保险、加强安全生产管理工作的基础上，于2009年7月20日出台《关于在高危行业推进安全生产责任保险的指导意见》（安监总政法［2009］137号）（以下简称《指导意见》），为今后在全国推动安全生产责任保险工作提出了明确要求。

党中央、国务院高度重视安全生产，近年来采取了一系列重大措施加强安全生产工作，使全国安全生产状况呈现逐年好转的态势，但是，煤矿、非煤矿山、危险化学品、烟花爆竹、道路交通、建筑施工等高危行业生产安全事故仍然居高不下，重特大事故时有发生，给人民生命财产安全造成重大损失。有效预防生产安全事故，化解事故风险，仍是当前一项十分重要而紧迫的任务。充分发挥保险在促进安全生产中的经济补偿和社会管理功能，对于加强安全生产管理、促进安全生产形势稳定好转具有十分重要的意义。

安全生产责任保险是在综合分析研究工伤社会保险、各种商业保险利弊的基础上，借鉴国际上一些国家通行的做法和经验，提出来的一种带有一定公益性质、采取政府推动、立法强制实施、由商业保险机构专业化运营的新的保险险种和制度。它的特点是强调各方主动参与事故预防，积极发挥保险机构的社会责任和社会管理功能，运用行业的差别费率和企业的浮动费率以及预防费用机制，实现安全与保险的良性互动。推进安全生产责任保险的目的是将保险的风险管理职能引入安全生产监管体系，实现风险专业化管理与安全监管监察工作的有机结合，通过强化事前风险防范，最终减少事故发生，促进安全生产，提高安全生产突发事件的应对处置能力。

1. 充分认识推进安全生产责任保险的重要意义

在安全生产领域引入保险制度，特别是高危行业推进安全生产责任保险，是安全生产工作综合治理的一项重要措施，在国际上被证明是一种行之有效的做法。

一是有助于发挥保险的社会管理功能，促进安全防范措施的落实，降低生产安全事故的发生概率。保险机构与投保单位签订了保险合同以后，就与企业一起共同构成了风险共担的关系主体，他们出于对各自利益的考虑，必须要采取一些措施，加强对企业安全生产的监督，以期减少事故、减少赔偿。同时，企业引入保险机制后，就能给本单位引入一个从自身利益出发、关注企业安全生产的市场主体，有利于防范生产安全事故的发生。

二是有利于形成企业安全生产自我约束机制，提高企业员工的安全意识。保险公司为了降低事故赔偿，通常会设计一些激励约束相兼容的制度条款来调动企业加强安全管理的积极性，提高企业管理人员做好安全生产工作的责任心。同时，由于保险公司为了减少安全事故的发生，往往会主动宣传安全生产工作，有利于广大从业人员提高安全意识，采取正确的安全生产方式。

三是能够保证生产安全事故发生后补偿损失的资金来源，减轻政府的负担。生产安全事故发生后，尤其是中小企业发生重大、特别重大生产安全事故后，政府要及时组织抢险和救援，并介入善后工作，保证受难者家属能够得到一定的经济补偿。引入保险机制后，可事先通过保费的形式，将各生产经营单位的资金集中起来，在事故发生后，保险机构在承保范围内提供补偿。这样通过引入保险机制，提供了一条新的弥补损失的资金来源，能有效减轻政府的财政负担。

2. 推进安全生产责任险的基本原则

1）坚持立法强制和政策引导相结合。在煤矿、非煤矿山、危险化学品、烟花爆竹等行业推进安全生产责任保险的同时，积极争取通过立法的形式，强制推行。在税收、资金、目标责任考核、行业发展战略等方面，研究制定一些有利于企业积极投保安全生产责任保险的政策，引导企业积极投保。

2）坚持政府推动和市场化运作相结合。政府有关部门通过行政手段积极组织、沟通、协调保险机构和高危行业生产经营单位，设计适合行业和地方需要的安全生产责任保险产品和条款，建立健全责任保险服务体系，共同推进安全生产责任保险的开展。在运行中充分尊重保险公司与投保单位的意愿，实行市场化双向选择，逐步达到保险公司与投保单位互利共赢的局面。

3）坚持不过多增加企业负担。在充分测算企业安全生产投入、事故损失、风险抵押金等各项安全生产费用开支的基础上，合理确定安全生产责任保险费率和保险水平，让企业真正感到没有过多增加经济负担，并能享受投保安全生产责任保险所带来的实惠。

4）坚持试点先行，以点带面，全面推动。要把推动安全生产责任保险作为一项重要工作来抓。通过确定试点地区、行业，加大工作力度，及时总结经验，在试点的基础上在高危行业逐步推开。

3. 处理好推进安全生产责任保险中一些重点问题

1）参保企业及保险范围。原则上要求煤矿、非煤矿山、危险化学品、烟花爆竹、公共聚集场所等高危及重点行业推进安全生产责任保险。保险范围主要是事故死亡人员和伤残人员的经济赔偿、事故应急救援和善后处理费用。对伤残人员的赔偿，可参考有关部门鉴定的伤残等级确定不同的赔付标准，并在保险产品合同中载明。

2）保额的确定与调整。由各省（区、市）根据本地区的经济发展水平和安全生产实际状况分别制定统一的保额标准。目前，原则上保额的低限不得小于20万元/人。

3）费率的确定与浮动。首次安全生产责任保险的费率可以根据本地区确定的保额标准和本地区、行业前3年生产安全事故死亡、伤残的平均人数进行科学测算。各地区、行业安全生产责任保险的费率根据上年安全生产状况实行一年浮动一次。具体费率执行标准及费率浮动办法由省级安全监管部门和煤矿安全监察机构会同有关保险机构共同研究制定。

4）处理好安全生产责任保险与风险抵押金的关系。安全生产风险抵押金是安全生产责任保险的一种初级形式，在推进安全生产责任保险时，要按照国务院国发［2006］23号文件要求继续完善这项制度。原则上企业可以在购买安全生产责任保险与缴纳风险抵押金中任选其一。已缴纳风险抵押金的企业可以在企业自愿的情况下，将风险抵押金转换成安全生产责任保险。未缴纳安全生产风险抵押金的企业，如果购买了安全生产责任保险，可不再缴纳安全生产风险抵押金。

5）有关保险险种的调整与转换。安全生产责任保险与工伤社会保险是并行关系，是对工伤社会保险的必要补充。安全生产责任保险与意外伤害保险、雇主责任保险等其他险种是替代关系。生产经营单位已购买意外伤害保险、雇主责任保险等其他险种的，可以通过与保险公司协商，适时调整为安全生产责任保险，或到期自动终止，转投安全生产责任保险。

6）发挥中介机构的作用。在推进安全生产责任保险工作中，可以根据需要选择保险经纪公司代理保险的投保、赔付、参与事故预防工作等相关事宜。鼓励选择有实力、有信誉、有良好服务水平的保险经纪公司代理保险业务，发挥保险经纪公司专业化服务的作用。

7）保险公司和保险经纪公司的准入。安全生产责任保险是一项新的制度和险种，涉及的领域多、范围广，社会敏感性大，有的事故赔付额度巨大，必须选择有条件的保险公司、保险经纪公司进行投保。国家安全监管总局将组织有关专家对申请办理安全生产责任保险的保险机构资质进行审核，并公布审核结果。已经选择保险机构开展投保业务的地区，省级安全监管部门、煤矿安全监察机构要将选择情况报国家安全监管总局备案。

8）加大在煤炭行业推进安全生产责任保险力度，并逐步推广到其他高危行业。煤炭行业作为一个危险性较大的特殊行业，推进安全生产责任保险有较好的基础和成功的经验。依据有关法律法规和国务院有关规定，在煤炭行业推进安全生产责任保险，各方面的条件比较成熟，应采取有效措施，加大力度，积极推进。非煤矿山、建筑施工、危险化学品、烟花爆竹等高危行业也要积极推进安全生产责任保险。

十八　《特种作业人员安全技术培训考核管理规定》相关知识点

1.《特种作业人员安全技术培训考核管理规定》相关知识点

《特种作业人员安全技术培训考核管理规定》（国家安

全生产监督管理总局令第30号）自2010年7月1日起施行。1999年7月12日原国家经济贸易委员会发布的《特种作业人员安全技术培训考核管理办法》同时废止。该规定分为七章四十六条，各章内容为：第一章总则，第二章培训，第三章考核发证，第四章复审，第五章监督管理，第六章罚则，第七章附则。制定该规定的目的，是根据《安全生产法》《行政许可法》等有关法律、行政法规，规范特种作业人员的安全技术培训考核工作，提高特种作业人员的安全技术水平，防止和减少伤亡事故。该规定适用于生产经营单位特种作业人员的安全技术培训、考核、发证、复审及其监督管理工作。

该规定所称特种作业，是指容易发生事故，对操作者本人、他人的安全健康及设备、设施的安全可能造成重大危害的作业。特种作业的范围由特种作业目录规定。该规定所称特种作业人员，是指直接从事特种作业的从业人员。

（1）对特种作业人员条件的有关规定

《特种作业人员安全技术培训考核管理规定》规定：特种作业人员应当符合下列条件：

1）年满18周岁，且不超过国家法定退休年龄；

2）经社区或者县级以上医疗机构体检健康合格，并无妨碍从事相应特种作业的器质性心脏病、癫痫病、美尼尔氏症、眩晕症、癔病、震颤麻痹症、精神病、痴呆症以及其他疾病和生理缺陷；

3）具有初中及以上文化程度；

4）具备必要的安全技术知识与技能；

5）相应特种作业规定的其他条件。

危险化学品特种作业人员除符合规定的条件外，应当具备高中或者相当于高中及以上文化程度。

特种作业人员必须经专门的安全技术培训并考核合格，取得《中华人民共和国特种作业操作证》（以下简称特种作业操作证）后，方可上岗作业。

国家安全生产监督管理总局（以下简称安全监管总局）指导、监督全国特种作业人员的安全技术培训、考核、发证、复审工作；省、自治区、直辖市人民政府安全生产监督管理部门负责本行政区域特种作业人员的安全技术培训、考核、发证、复审工作。

国家煤矿安全监察局（以下简称煤矿安监局）指导、监督全国煤矿特种作业人员（含煤矿矿井使用的特种设备作业人员）的安全技术培训、考核、发证、复审工作；省、自治区、直辖市人民政府负责煤矿特种作业人员考核发证工作的部门或者指定的机构负责本行政区域煤矿特种作业人员的安全技术培训、考核、发证、复审工作。

省、自治区、直辖市人民政府安全生产监督管理部门和负责煤矿特种作业人员考核发证工作的部门或者指定的机构（以下统称考核发证机关）可以委托设区的市人民政府安全生产监督管理部门和负责煤矿特种作业人员考核发证工作的部门或者指定的机构实施特种作业人员的安全技术培训、考核、发证、复审工作。

（2）对培训的有关规定

《特种作业人员安全技术培训考核管理规定》规定：特种作业人员应当接受与其所从事的特种作业相应的安全技术理论培训和实际操作培训。已经取得职业高中、技工学校及中专以上学历的毕业生从事与其所学专业相应的特种作业，持学历证明经考核发证机关同意，可以免予相关专业的培训。跨省、自治区、直辖市从业的特种作业人员，可以在户籍所在地或者从业所在地参加培训。

（3）对考核发证的有关规定

《特种作业人员安全技术培训考核管理规定》规定：特种作业人员的考核包括考试和审核两部分。考试由考核发证机关或其委托的单位负责；审核由考核发证机关负责。

参加特种作业操作资格考试的人员，应当填写考试申请表，由申请人或者申请人的用人单位持学历证明或者培训机构出具的培训证明向申请人户籍所在地或者从业所在地的考核发证机关或其委托的单位提出申请。考核发证机关或其委托的单位收到申请后，应当在60日内组织考试。

特种作业操作资格考试包括安全技术理论考试和实际操作考试两部分。考试不及格的，允许补考1次。经补考仍不及格的，重新参加相应的安全技术培训。考核发证机关或其委托承担特种作业操作资格考试的单位，应当在考试结束后10个工作日内公布考试成绩。

符合本规定条件要求并经考试合格的特种作业人员，应当向其户籍所在地或者从业所在地的考核发证机关申请办理特种作业操作证，并提交身份证复印件、学历证书复印件、体检证明、考试合格证明等材料。对已经受理的申请，考核发证机关应当在20个工作日内完成审核工作。符合条件的，颁发特种作业操作证；不符合条件的，应当说明理由。

特种作业操作证有效期为6年，在全国范围内有效。特种作业操作证由安全监管总局统一式样、标准及编号。

(4) 对复审的有关规定

《特种作业人员安全技术培训考核管理规定》规定：特种作业操作证每 3 年复审 1 次。特种作业人员在特种作业操作证有效期内，连续从事本工种 10 年以上，严格遵守有关安全生产法律法规的，经原考核发证机关或者从业所在地考核发证机关同意，特种作业操作证的复审时间可以延长至每 6 年 1 次。

特种作业操作证需要复审的，应当在期满前 60 日内，由申请人或者申请人的用人单位向原考核发证机关或者从业所在地考核发证机关提出申请，并提交下列材料：

1) 社区或者县级以上医疗机构出具的健康证明；

2) 从事特种作业的情况；

3) 安全培训考试合格记录。

特种作业操作证有效期届满需要延期换证的，应当按照上述的规定申请延期复审。

特种作业操作证申请复审或者延期复审前，特种作业人员应当参加必要的安全培训并考试合格。安全培训时间不少于 8 个学时，主要培训法律、法规、标准、事故案例和有关新工艺、新技术、新装备等知识。申请复审的，考核发证机关应当在收到申请之日起 20 个工作日内完成复审工作。复审合格的，由考核发证机关签章、登记，予以确认；不合格的，说明理由。申请延期复审的，经复审合格后，由考核发证机关重新颁发特种作业操作证。

特种作业人员有下列情形之一的，复审或者延期复审不予通过：

1）健康体检不合格的；

2）违章操作造成严重后果或者有 2 次以上违章行为，并经查证确实的；

3）有安全生产违法行为，并给予行政处罚的；

4）拒绝、阻碍安全生产监管监察部门监督检查的；

5）未按规定参加安全培训，或者考试不合格的；

6）具有不符合本规定情形的。

（5）对监督管理的有关规定

《特种作业人员安全技术培训考核管理规定》规定：有下列情形之一的，考核发证机关应当撤销特种作业操作证：

1）超过特种作业操作证有效期未延期复审的；

2）特种作业人员的身体条件已不适合继续从事特种作业的；

3）对发生生产安全事故负有责任的；

4）特种作业操作证记载虚假信息的；

5）以欺骗、贿赂等不正当手段取得特种作业操作证的。

有下列情形之一的，考核发证机关应当注销特种作业操作证：

1）特种作业人员死亡的；

2）特种作业人员提出注销申请的；

3）特种作业操作证被依法撤销的。

离开特种作业岗位 6 个月以上的特种作业人员，应当重新进行实际操作考试，经确认合格后方可上岗作业。

《特种作业人员安全技术培训考核管理规定》规定：生产经营单位不得印制、伪造、倒卖特种作业操作证，或者使用非法印制、伪造、倒卖的特种作业操作证。特种作业人员不得伪造、涂改、转借、转让、冒用特种作业操作证或者使用伪造的特种作业操作证。

（6）对罚则的有关规定

《特种作业人员安全技术培训考核管理规定》规定：生产经营单位使用未取得特种作业操作证的特种作业人员上岗作业的，责令限期改正；逾期未改正的，责令停产停业整顿，可以并处 2 万元以下的罚款。

生产经营单位非法印制、伪造、倒卖特种作业操作证，或者使用非法印制、伪造、倒卖的特种作业操作证的，给予警告，并处 1 万元以上 3 万元以下的罚款；构成犯罪的，依法追究刑事责任。

特种作业人员伪造、涂改特种作业操作证或者使用伪造的特种作业操作证的，给予警告，并处 1 000 元以上 5 000 元以下的罚款。特种作业人员转借、转让、冒用特种作业操作证的，给予警告，并处 2 000 元以上 10 000 元以下的罚款。

附件：特种作业目录

1）电工作业：高压电工作业、低压电工作业、防爆电气作业。

2）焊接与热切割作业：熔化焊接与热切割作业、压力焊作业、钎焊作业。

3）高处作业：登高架设作业（指在高处从事脚手架、跨越架设或拆除的作业）、高处安装、维护、拆除作业。

4）制冷与空调作业：制冷与空调设备运行操作作业、制冷与空调设备安装修理作业。

5）煤矿安全作业：煤矿井下电气作业、煤矿井下爆破作业、煤矿安全监测监控作业、煤矿瓦斯检查作业、煤矿安全检查作业、煤矿提升机操作作业、煤矿采煤机（掘进机）操作作业、煤矿瓦斯抽采作业、煤矿防突作业、煤矿探放水作业。

6）金属非金属矿山安全作业：金属非金属矿井通风作业、尾矿作业、金属非金属矿山安全检查作业、金属非金属矿山提升机操作作业、金属非金属矿山支柱作业、金属非金属矿山井下电气作业、金属非金属矿山排水作业、金属非金属矿山爆破作业。

7）石油天然气安全作业：司钻作业（指石油、天然气开采过程中操作钻机起升钻具的作业）。

8）冶金（有色）生产安全作业：煤气作业（指冶金、有色企业内从事煤气生产、储存、输送、使用、维护检修的作业）。

9）危险化学品安全作业：光气及光气化工艺作业、氯碱电解工艺作业、氯化工艺作业、硝化工艺作业、合成氨工艺作业、裂解（裂化）工艺作业、氟化工艺作业、加氢工艺作业、重氮化工艺作业、氧化工艺作业、过氧化工艺作业、胺基化工艺作业、磺化工艺作业、聚合工艺作业、烷基化工艺作业、化工自动化控制仪表作业。

10）烟花爆竹安全作业：烟火药制造作业、黑火药制造作业、引火线制造作业、烟花爆竹产品涉药作业、烟花爆竹储存作业。

11）安全监管总局认定的其他作业。

2.《特种作业人员安全技术培训考核管理规定》解读

2010年5月24日，国家安全生产监督管理总局发布了《特种作业人员安全技术培训考核管理规定》（以下简称《规定》）并附特种作业目录，于2010年7月1日实施。为让读者更好地了解《规定》的相关内容，国家安全生产监督管理总局人事司主要负责人就有关问题进行了解读。

(1)《规定》是在什么背景下出台的?

特种作业是指容易发生人员伤亡事故，对操作者本人、他人及周围设施的安全可能造成重大危害的作业。特种作业人员是指直接从事特种作业的从业人员。据国内外有关资料统计，由于特种作业人员违规违章操作造成的生产安全事故，占生产经营单位事故总量的比例约80%。因此，加强特种作业人员安全技术培训考核，对保障安全生产十分重要。

我国的相关法律法规，如《矿山安全法》《劳动法》《安全生产法》以及《矿山安全法实施条例》等，都对特种作业人员的培训考核提出了明确要求。《安全生产法》第23条明确规定："生产经营单位的特种作业人员必须按照国家有关规定经专门的安全作业培训，取得特种作业操作资格证书，方可上岗作业。特种作业人员的范围由国务院负责安全生产监督管理的部门会同国务院有关部门确定。"为贯彻执行《安全生产法》的相关规定，落实特种作业人员持证上岗制度，安全生产监督管理总局自2005年至今，历时5年，在深入调研、认真论证、广泛征求意见的基础上，制定并发布了《规定》。

（2）目前我国特种作业人员安全技术培训考核工作存在哪些问题?《规定》的出台有哪些重要意义?

1999年，原国家经贸委发布了《特种作业人员安全技术培训考核管理办法》（国家经贸委主任令第13号，以下简称13号令），对特种作业人员的定义、范围、人员条件和培训、考核、管理作了明确规定。近年来，国家安全生产监督管理总局相继颁布实施了《关于特种作业人员安全技术培训考核的意见》（安监管人字［2002］124号）等一系列规范性文件，对特种作业人员的安全技术培训考核作了进一步规范，也起到了很好的作用。据初步统计，目前全国特种作业人员持证上岗人数已超过1 200万人，其中煤矿约260万人。但是，随着我国安全生产监管监察体制机制的不断完善，特种作业人员安全培训考核工作出现了许多新情况、新问题。

一是特种作业人员的安全培训考核不符合《行政许可法》要求。2003年国家颁布实施了《行政许可法》，对实施行政许可的机关、时限、程序等提出了明确要求。而目前执行的13号令中的一些条款，已明显不符合《行政许可法》的规定。二是特种作业类别不规范、工种不明确。目前执行的有关法规中，矿山企业的特种作业人员种类、数量偏多（矿山企业特种作业人员占从业人员的比例约57．4%，个别小矿山甚至达到70%以上），失去了特种作业的意义。国家对危险化学品生产、经营企业没有明确特种作业人员范围，部分地方自行设置了一些工种，导致特种作业人员培训考核管理混乱。另外，烟花爆竹、冶金等行业企业的一些危险作业未纳入特种作业。三是特种作业人员的安全培训考核管理比较混乱。在特种作业人员的管理上，有关行政部门存在职能交叉，造成不依法培训、重复培训、多头发证，给企业带来负担的同时，也给特种作业人员的监管带来困难。

制定《规定》的重要目的，就是有效解决上述问题。从这个意义来讲，《规定》涉及面十分广泛，是一部综合性的部门规章。《规定》的出台有利于明确对特种作业人员的监管职责，有利于进一步规范和加强对特种作业人员的安全技术培训、考核、发证和管理工作，必将为提高特种作业人员安全技术能力，防止和减少伤亡事故，促进安全生产起到积极作用。

（3）《规定》对特种作业范围作了哪些重大调整？

《规定》本着成熟一个确定一个的原则，在 13 号令的基础上，对有关特种作业类别、工种进行了重大补充和调整，主要明确工矿商贸生产经营单位特种作业类别、工种，规范安全监管监察部门职责范围内的特种作业人员培训、考核及发证工作。调整后的特种作业范围共 11 个作业类别、51 个工种。这些特种作业具备以下特点：一是独立性，必须有独立的岗位，由专人操作的作业，操作人员必须具备一定的安全生产知识和技能；二是危险性，必须是危险性较大的作业，如果操作不当，容易对操作者本人、他人或物造成伤害，甚至发生重大伤亡事故；三是特殊性，从事特种作业的人员不能很多，总体上讲，每个类别的特种作业人员一般不超过该行业或领域全体从业人员的 30%。

《规定》保留了电工作业、焊接与热切割作业、高处作业、制冷与空调作业等 4 种作业。重新调整和划分了矿山作业，将矿山特种作业划分为煤矿和金属非金属矿山安全作业 2 种作业类别，分别列了 10 个和 8 个工种；将危险物品作业规范为危险化学品安全作业，增列了光气及光气化工艺作业等16个工种。增加了石油天然气安全、冶金（有色）生产安全和烟花爆竹安全等3个作业类别，分别增列了1个、1个和5个工种。

另外，《规定》删除了5种作业，即：依照《特种设备安全监察条例》（国务院令第549号）删除了起重机械（含电梯）、锅炉（含水质化验）、压力容器和企业内机动车驾驶等4种作业。同时，由于《矿山救护队资质认定管理规定》（国家安全生产监督管理总局令第2号）对矿山救护队员培训作出了明确规定，经广泛征求意见，矿山救护队员不再按照特种作业人员管理。

（4）《规定》对加强特种作业人员的管理是如何规定的？

首先，为了避免与有关行政管理部门在特种作业人员管理上的职能交叉，《规定》第二条规定："有关法律、行政法规和国务院对有关特种作业人员管理另有规定的，从其规定。"

其次，由于基层对特种作业人员考核发证由省级安全生产监管部门和负责煤矿特种作业考核发证工作的部门或者指定的机构负责持有不同意见，为进一步明确特种作业人员的考核发证职责，《规定》第七条规定："国家安全生产监督管理总局指导、监督全国特种作业人员的安全技术培训、考核、发证、复审工作；省、自治区、直辖市人民政府安全生产监督管理部门负责本行政区域特种作业人员的安全技术培训、考核、发证、复审工作。

国家煤矿安全监察局指导、监督全国煤矿特种作业人员（含煤矿矿井使用的特种设备作业人员）的安全技术培训、考核、发证、复审工作；省、自治区、直辖市人民政府负责煤矿特种作业人员考核发证工作的部门或者指定的机构负责本行政区域煤矿特种作业人员的安全技术培训、考核、发证、复审工作。

省、自治区、直辖市人民政府安全生产监督管理部门和负责煤矿特种作业人员考核发证工作的部门或者指定的机构可以委托设区的市人民政府安全生产监督管理部门和负责煤矿特种作业人员考核发证工作的部门或者指定的机构实施特种作业人员的安全技术培训、考核、发证、复审工作。”

(5)《规定》对特种作业人员的基本条件作了哪些特别规定?

目前，特种作业人员中存在着大量的农民工，提高学历要求，会影响一大批人的就业，不利于社会的稳定。为此，《规定》对特种作业人员的学历要求仍规定为初中及以上文化程度。但是，考虑到危险化学品企业对从业人员素质要求较高，《规定》对从事危险化学品生产的特种作业人员学历要求做出了特别规定，即：危险化学品特种作业人员，应当具备高中或者相当于高中及以上文化程度。

另外，为进一步增强对特种作业人员体检健康要求的可操作性，《规定》对影响特种作业人员安全操作的有关疾病作出了禁忌规定，即：特种作业人员必须经社区或者县级以上医疗机构体检合格，并无妨碍从事相应特种作业的器质性心脏病、癫痫病、美尼尔氏症、眩晕症、震颤麻痹症、精神病、痴呆症以及其他影响肢体活动的神经系统疾病和生理缺陷。

(6)《规定》对特种作业人员培训、考核、发证有哪些新的规定？

新的规定主要体现在以下三个方面：

一是免于培训的规定。为使职业教育与特种作业人员培训有效衔接，避免重复培训，根据目前各地的实际情况，《规定》第九条规定：“已经取得职业高中、技工学校、中等专业学校及中专以上学历的毕业生从事与其所学专业相应的特种作业，持学历证明，经考核发证机关同意可以免于相关专业的培训。”

二是考核发证程序的规定。为进一步明确特种作业人员考核发证程序，《规定》将考核划分为考试和审核。考试由考核发证机关或者其委托的有条件的机构进行，审核由考核发证机关进行。同时，根据《行政许可法》的规定，《规定》对考核发证的程序、时限等作出了严格规定。

三是跨地区考核的规定。为便于生产经营单位特种作业人员参加考试，《规定》对申请考试的地点作出重大调整，允许申请人向户籍所在地或者从业所在地提出申请，方便了特种作业人员跨地区从业。

（7）对于特种作业人员的复审，《规定》都有哪些要求？

目前特种作业人员操作证的有效期为6年，每2年复审一次。为方便和加强复审工作，《规定》从以下几个方面进行了补充完善：一是对复审时间作了调整，延长为3年进行一次。二是规定特种作业人员在特种作业操作证有效期内，连续从事本工种10年以上，严格遵守有关安全生产的法律法规的，在特种作业操作证的有效期满时，经原考核发证机关或者从业所在地考核发证机关同意，不再复审，特种作业操作证的有效期延长 3 年。三是明确特种作业申请复审或者延期复审前，应当参加必要的安全培训并考试合格。安全培训时间不少于 8 个学时，主要培训法律法规标准、事故案例和有关新工艺、新技术、新装备等知识。四是明确特种作业人员健康体检不合格，或者违章操作造成严重后果或者有 2 次以上违章行为，并经查证确实，或者有安全生产违法行为，并给予行政处罚，或者拒绝、阻碍安全生产监管监察部门监督检查，或者未按规定参加安全培训，或者考试不合格等情形的，不予复审通过。五是明确特种作业人员复审或者延期复审不通过的，经重新安全培训考核合格后，办理复审或者延期复审手续。

（8）《规定》发布后，下一步如何推动这项工作的贯彻落实？

《规定》发布后，将开展以下几方面的工作：

一是继续深入开展宣教行动，在相关报刊、网站上广泛、深入宣传《规定》，使公众深刻理解，准确把握《规定》的相关内容和要求。

二是印刷《规定》单行本，发放到各省级安全监管监察机构和煤炭行业管理、煤矿安全监管部门，以及有关中央企业，并通过他们及时向辖区内相关机构和部门，以及所有工矿商贸生产经营单位宣传学习。

三是举办省（区、市）和部分重点市（地）安全监管部门领导干部安全生产专题业务培训班，重点解读《规定》的要求，学习安全生产相关法律法规、专业技术和管理知识，并对典型案例进行分析。

四是启动相关特种作业人员安全技术培训大纲和考核标

准的制定和修订工作，进一步规范和细化对特种作业人员的安全技术培训、考核的内容和标准。

十九　《企业安全生产标准化基本规范》相关知识点

《企业安全生产标准化基本规范》（标准编号：AQ/T9006—2010）经国家安全生产监督管理总局批准，自2010年6月1日起施行。

1.《企业安全生产标准化基本规范》部分知识点

（1）评定和监督

企业安全生产标准化工作实行企业自主评定、外部评审的方式。

企业应当根据本标准和有关评分细则，对本企业开展安全生产标准化工作情况进行评定；自主评定后申请外部评审定级。

安全生产标准化评审分为一级、二级、三级，一级为最高。

安全生产监督管理部门对评审定级进行监督管理。

（2）职责

企业主要负责人应按照安全生产法律法规赋予的职责，全面负责安全生产工作，并履行安全生产义务。

企业应建立安全生产责任制，明确各级单位、部门和人员的安全生产职责。

（3）规章制度

企业应建立健全安全生产规章制度，并发放到相关工作岗位，规范从业人员的生产作业行为。

安全生产规章制度至少应包含下列内容：安全生产职责、安全生产投入、文件和档案管理、隐患排查与治理、安全教育培训、特种作业人员管理、设备设施安全管理、建设项目安全设施“三同时”管理、生产设备设施验收管理、生产设备设施报废管理、施工和检维修安全管理、危险物品及重大危险源管理、作业安全管理、相关方及外用工管理，职业健康管理、防护用品管理，应急管理，事故管理等。

（4）文件和档案管理

企业应严格执行文件和档案管理制度，确保安全规章制度和操作规程编制、使用、评审、修订的效力。

企业应建立主要安全生产过程、事件、活动、检查的安全记录档案，并加强对安全记录的有效管理。

（5）教育培训

1）教育培训管理。企业应确定安全教育培训主管部门，按规定及岗位需要，定期识别安全教育培训需求，制定、实施安全教育培训计划，提供相应的资源保证。

应做好安全教育培训记录，建立安全教育培训档案，实施分级管理，并对培训效果进行评估和改进。

2）安全生产管理人员教育培训。企业的主要负责人和安全生产管理人员，必须具备与本单位所从事的生产经营活动相适应的安全生产知识和管理能力。法律法规要求必须对其安全生产知识和管理能力进行考核的，须经考核合格后方可任职。

3）操作岗位人员教育培训。企业应对操作岗位人员进行安全教育和生产技能培训，使其熟悉有关的安全生产规章制度和安全操作规程，并确认其能力符合岗位要求。未经安全教育培训，或培训考核不合格的从业人员，不得上岗作业。

新入厂（矿）人员在上岗前必须经过厂（矿）、车间（工段、区、队）、班组三级安全教育培训。

在新工艺、新技术、新材料、新设备设施投入使用前，应对有关操作岗位人员进行专门的安全教育和培训。

操作岗位人员转岗、离岗一年以上重新上岗者，应进行车间（工段）、班组安全教育培训，经考核合格后，方可上岗工作。

从事特种作业的人员应取得特种作业操作资格证书，方可上岗作业。

4）其他人员教育培训。企业应对相关方的作业人员进行安全教育培训。作业人员进入作业现场前，应由作业现场所在单位对其进行进入现场前的安全教育培训。

企业应对外来参观、学习等人员进行有关安全规定、可能接触到的危害及应急知识的教育和告知。

（6）生产设备设施

1）生产设备设施建设。企业建设项目的所有设备设施应符合有关法律法规、标准规范要求；安全设备设施应与建设项目主体工程同时设计、同时施工、同时投入生产和使用。

企业应按规定对项目建议书、可行性研究、初步设计、总体开工方案、开工前安全条件确认和竣工验收等阶段进行规范管理。

生产设备设施变更应执行变更管理制度，履行变更程序，并对变更的全过程进行隐患控制。

2）设备设施运行管理。企业应对生产设备设施进行规范化管理，保证其安全运行。

企业应有专人负责管理各种安全设备设施，建立台账，定期检维修。对安全设备设施应制定检维修计划。

设备设施检维修前应制定方案。检维修方案应包含作业行为分析和控制措施。检维修过程中应执行隐患控制措施并进行监督检查。

安全设备设施不得随意拆除、挪用或弃置不用；确因检维修拆除的，应采取临时安全措施，检维修完毕后立即复原。

3）新设备设施验收及旧设备拆除、报废。设备的设计、制造、安装、使用、检测、维修、改造、拆除和报废，应符合有关法律法规、标准规范的要求。

企业应执行生产设备设施到货验收和报废管理制度，应使用质量合格、设计符合要求的生产设备设施。

拆除的生产设备设施应按规定进行处置。拆除的生产设备设施涉及到危险物品的，须制定危险物品处置方案和应急措施，并严格按规定组织实施。

（7）作业安全

1）生产现场管理和生产过程控制。企业应加强生产现场安全管理和生产过程的控制。对生产过程及物料、设备设施、器材、通道、作业环境等存在的隐患，应进行分析和控制。对动火作业、受限空间内作业、临时用电作业、高处作业等危险性较高的作业活动实施作业许可管理，严格履行审批手续。作业许可证应包含危害因素分析和安全措施等内容。

企业进行爆破、吊装等危险作业时，应当安排专人进行现场安全管理，确保安全规程的遵守和安全措施的落实。

2）警示标志。企业应根据作业场所的实际情况，按照 GB 2894 及企业内部规定，在有较大危险因素的作业场所和设备设施上，设置明显的安全警示标志，进行危险提示、警示，告知危险的种类、后果及应急措施等。

企业应在设备设施检维修、施工、吊装等作业现场设置警戒区域和警示标志，在检维修现场的坑、井、洼、沟、陡坡等场所设置围栏和警示标志。

（8）隐患排查和治理

1）隐患排查。企业应组织事故隐患排查工作，对隐患进行分析评估，确定隐患等级，登记建档，及时采取有效的治理措施。

法律法规、标准规范发生变更或有新的公布，以及企业操作条件或工艺改变，新建、改建、扩建项目建设，相关方进入、撤出或改变，对事故、事件或其他信息有新的认识，组织机构发生大的调整的，应及时组织隐患排查。

隐患排查前应制定排查方案，明确排查的目的、范围，选择合适的排查方法。排查方案应依据：

——有关安全生产法律、法规要求；

——设计规范、管理标准、技术标准；

——企业的安全生产目标等。

2）排查范围与方法。企业隐患排查的范围应包括所有与生产经营相关的场所、环境、人员、设备设施和活动。

企业应根据安全生产的需要和特点，采用综合检查、专业检查、季节性检查、节假日检查、日常检查等方式进行隐患排查。

3）隐患治理。企业应根据隐患排查的结果，制定隐患治理方案，对隐患及时进行治理。

隐患治理方案应包括目标和任务、方法和措施、经费和物资、机构和人员、时限和要求。重大事故隐患在治理前应采取临时控制措施并制定应急预案。

隐患治理措施包括：工程技术措施、管理措施、教育措施、防护措施和应急措施。

治理完成后，应对治理情况进行验证和效果评估。

（9）职业健康

1）职业健康管理。企业应按照法律法规、标准规范的要求，为从业人员提供符合职业健康要求的工作环境和条件，配备与职业健康保护相适应的设施、工具。

企业应定期对作业场所职业危害进行检测，在检测点设置标识牌予以告知，并将检测结果存入职业健康档案。

对可能发生急性职业危害的有毒、有害工作场所，应设置报警装置，制定应急预案，配置现场急救用品、设备，设置应急撤离通道和必要的泄险区。

各种防护器具应定点存放在安全、便于取用的地方，并有专人负责保管，定期校验和维护。

企业应对现场急救用品、设备和防护用品进行经常性的检维修，定期检测其性能，确保其处于正常状态。

2）职业危害告知和警示。企业与从业人员订立劳动合同时，应将工作过程中可能产生的职业危害及其后果和防护措施如实告知从业人员，并在劳动合同中写明。

企业应采用有效的方式对从业人员及相关方进行宣传，使其了解生产过程中的职业危害、预防和应急处理措施，降低或消除危害后果。

对存在严重职业危害的作业岗位，应按照 GBZ158 要求设置警示标识和警示说明。警示说明应载明职业危害的种类、后果、预防和应急救治措施。

(10) 应急救援

1) 应急机构和队伍。企业应按规定建立安全生产应急管理机构或指定专人负责安全生产应急管理工作。

企业应建立与本单位安全生产特点相适应的专兼职应急救援队伍，或指定专兼职应急救援人员，并组织训练，无需建立应急救援队伍的，可与附近具备专业资质的应急救援队伍签订服务协议。

2) 应急预案。企业应按规定制定生产安全事故应急预案，并针对重点作业岗位制定应急处置方案或措施，形成安全生产应急预案体系。

应急预案应根据有关规定报当地主管部门备案，并通报有关应急协作单位。

应急预案应定期评审，并根据评审结果或实际情况的变化进行修订和完善。

(11) 事故报告、调查和处理

1) 事故报告。企业发生事故后，应按规定及时向上级单位、政府有关部门报告，并妥善保护事故现场及有关证据。必要时向相关单位和人员通报。

2) 事故调查和处理。企业发生事故后，应按规定成立事故调查组，明确其职责与权限，进行事故调查或配合上级部门的事故调查。

事故调查应查明事故发生的时间、经过、原因、人员伤亡情况及直接经济损失等。

事故调查组应根据有关证据、资料，分析事故的直接、间接原因和事故责任，提出整改措施和处理建议，编制事故调查报告。

2.《企业安全生产标准化基本规范》解读

2010 年 4 月 15 日，国家安全生产监督管理总局发布了《企业安全生产标准化基本规范》（标准编号：AQ/T9006—2010），为安全生产行业标准，自 2010 年 6 月 1 日起实施。

（1）制定《基本规范》的意义

2004 年，国务院印发了《关于进一步加强安全生产工作决定》（国发［2004］2 号），要求在全国所有工矿商贸、交通运输、建筑施工等企业普遍开展安全生产标准化活动。为了贯彻落实国务院《决定》，近年来，国家安监总局也下发了相关指导文件，并陆续在煤矿、金属非金属矿山、危险化学品、烟花爆竹、冶金、机械等行业开展了安全生产标准化创建活动，有效地提升了企业的安全生产管理水平。

为进一步落实企业安全生产的主体责任，全面推进企业安全生产标准化工作，深入贯彻落实国家关于安全生产的方针政策和法律法规，有必要制定规范企业安全生产工作的基本规定，使企业的安全生产工作有据可依，有章可循。而且，对各行业已经开展的安全生产标准化工作，在形式要求、基本内容、考评办法等方面也需要做出相对一致的规定，以进一步规范各项工作的开展。同时，为调动企业开展安全生产标准化工作的积极性和主动性，结合企业安全生产工作的共性特点，制定可操作性较强的安全生产工作规范，并以行业标准的形式予以发布，也非常必要。

(2)《基本规范》对“安全生产标准化”的定义

“安全生产标准化”是指通过建立安全生产责任制，制定安全管理制度和操作规程，排查治理隐患和监控重大危险源，建立预防机制，规范生产行为，使各生产环节符合有关安全生产法律法规和标准规范的要求，人、机、物、环处于良好的生产状态，并持续改进，不断加强企业安全生产规范化建设。这一定义涵盖了企业安全生产工作的全局，是企业开展安全生产工作的基本要求和衡量尺度，也是企业加强安全管理的重要方法和手段。而《标准化法》中的“标准化”，主要是通过制定、实施国家、行业等标准，来规范各种生产行为，以获得最佳生产秩序和社会效益的过程，二者有所不同。

(3)《基本规范》包括的内容

《基本规范》共分为范围、规范性引用文件、术语和定义、一般要求、核心要求等五章。在核心要求这一章，对企业安全生产工作的组织机构、安全投入、安全管理制度、人员教育培训、设备设施运行管理、作业安全管理、隐患排查和治理、重大危险源监控、职业健康、应急救援、事故的报告和调查处理、绩效评定和持续改进等方面的内容作了具体规定。

(4)《基本规范》的特点

《基本规范》的特点主要有以下三个方面：

一是采用了国际通用的策划（P. Plan）、实施（D. Do）、检查（C. Check）、改进（A. Act）动态循环的 PDCA 现代安全管理模式。通过企业自我检查、自我纠正、自我完善这一动态循环的管理模式，能够更好地促进企业安全绩效的持续改进和安全生产长效机制的建立。

二是对各行业、各领域具有广泛适用性。《基本规范》总结归纳了煤矿、危险化学品、金属非金属矿山、烟花爆竹、冶金、机械等已经颁布的行业安全生产标准化标准中的共性内容，提出了企业安全生产管理的共性基本要求，既适应各行业安全生产工作的开展，又避免了自成体系的局面。

三是体现了企业主体责任与外部监督相结合的思想。《基本规范》要求企业对安全生产标准化工作进行自主评定，自主评定后申请外部评审定级，并由安全生产监督管理部门对评审定级进行监督。

(5)《基本规范》的发布实施的重要意义

《基本规范》的重要意义主要体现在以下几个方面：

一是有利于进一步规范企业的安全生产工作。《基本规范》涉及企业安全生产工作的方方面面，提出的要求明确、具体，较好地解决了企业安全生产工作干什么和怎么干的问题，能够更好地引导企业落实安全生产责任，做好安全生产工作。

二是有利于进一步维护从业人员的合法权益。安全生产工作的最终目的都是为了保护人民群众的生命财产安全，《基本规范》的各项规定，尤其是关于教育培训和职业健康的规定，可以更好地保障从业人员安全生产方面的合法权益。

三是有利于进一步促进安全生产法律法规的贯彻落实。

安全生产法律法规对安全生产工作提出了原则要求，设定了各项法律制度。《基本规范》是对这些相关法律制度内容的具体化和系统化，并通过运行使之成为企业的生产行为规范，从而更好地促进安全生产法律法规的贯彻落实。

（6）国家安监总局对宣传贯彻《基本规范》的要求

宣传贯彻《基本规范》需要开展以下工作：

一是要向各省（区、市）安全生产监管部门和省级煤矿安全监察机构下发宣传贯彻《基本规范》的通知，提出具体宣贯要求。

二是要抓紧制定企业安全生产标准化考评办法等配套规定，规范企业安全生产标准化的绩效评定和持续改进。

三是要组织有关专家编写《基本规范》释义，对相关部门的有关人员以及重点企业安全生产管理人员进行宣贯培训。

四是要充分发挥报纸、期刊、网络等媒体的作用，大力宣传《基本规范》，使企业了解其内容，并自觉贯彻落实。

五是要加强对贯彻落实《基本规范》的指导和监督，发现问题及时研究解决，充分调动企业的积极性和主动性。

总之，要通过贯彻落实《基本规范》，加强企业安全生产规范化建设，提高企业安全生产管理水平，进一步促进全国安全生产形势的稳定好转。

二十 《关于加强煤矿班组安全生产建设的指导意见》相关知识点

为深入贯彻落实国家七部门《关于加强国有重点煤矿

安全基础管理的指导意见》（安监总煤矿［2006］116号）和《关于加强小煤矿安全基础管理的指导意见》（安监总煤调［2007］95号）精神，坚持关口前移、重心下移，提高班组安全管理水平，促进煤矿安全生产形势稳定好转，2009年3月3日，中华全国总工会、国家煤矿安全监察局下发《关于加强煤矿班组安全生产建设的指导意见》（总工发［2009］15号）。内容主要如下：

1. 加强煤矿班组安全生产建设的重要性和紧迫性

（1）加强班组安全生产建设是强化煤矿安全基础管理的重要组成部分。班组是煤矿安全生产的最基层组织，煤矿安全生产法律法规、规程、标准和相关规章制度的贯彻落实，以及先进适用安全技术的推广应用都要落实到班组、体现在现场。关口前移，实现班组规范化管理、标准化建设，是夯实煤矿安全基础，创建本质安全型煤矿，推进煤矿企业安全发展和可持续发展的关键环节。

（2）加强煤矿班组安全生产建设是减少“三违”、防止事故的有效途径。据统计，煤矿生产安全事故多数是由“三违”造成的。有效遏制重特大事故、减少事故总量，必须落实班组长、职工岗位安全生产责任制，充分发挥班组安全生产第一道防线的作用，减少和杜绝“三违”，为实现煤矿安全生产形势的稳定好转提供重要保障。

2. 加强煤矿班组安全生产建设的指导原则和目标

指导原则。牢固树立“安全发展”理念，认真贯彻落实“安全第一、预防为主、综合治理”方针，把班组安全生产建设作为加强煤矿安全生产基层和基础管理的重要工作，倡导先进的班组安全文化，健全完善班组安全生产责任制，建立激励约束机制，加强班组安全教育和规范化管理，深入开展安全质量标准化工作，加强现场安全管理和隐患排查治理，提高煤矿企业现场安全管理水平。

建设目标。持续、有效地加强和改进班组建设，提高防范事故、保证安全的五种能力：抓好班组长选拔使用，提高班组安全生产的组织管理能力；加强安全生产教育，提高班组职工自觉抵制“三违”行为的能力；强化班组安全生产应知应会的技能培训，提高业务保安能力；严格班组现场安全管理，提高隐患排查治理的能力；搞好班组应急救援预案演练，提高防灾、避灾和自救等应急处置的能力。通过不断提高班组安全生产能力，使班组员工真正做到不伤害自己、不伤害别人、不被别人伤害，实现班组安全生产，为煤矿安全生产奠定基础。

3．煤矿班组安全生产建设的主要内容

（1）建立完善班组安全生产管理体系

煤矿要建立区队、班组建制。严禁层层转包、以包代管。

严格班组安全生产定员管理。按照精简高效的原则，制定班组定员标准，保证班组安全生产基本配置，推行四班六小时工作制，实行现场“限员挂牌”制，严格控制作业人数，严禁超定员生产，严禁两班交叉作业。

建立完善班组安全生产管理规章制度。主要包括：1）班前会制度；2）班组长随班工作制度；3）安全质量标准化管理制度；4）隐患排查治理制度；5）班组和各岗位安全评估制度；6）事故报告和处理程序；7）事故分析处理制度；8）安全检查与奖惩制度；9）班组学习培训制度；

10）岗位练兵、技能竞赛制度；11）交接班制度；12）现场安全文明生产制度；13）安全举报制度；14）员工安全权益维护制度；15）安全绩效考核制度；16）企业认为需要制定的其他相关制度。

健全落实安全生产责任制。明确班组是作业现场安全生产责任主体，实行班组长作业现场安全生产负责制。安全检查员、质量监督员、群众安监员和瓦斯检查员按职责做好班组相应的安全监督检查工作。

推行班组安全生产风险预控管理。在危险源辨识、风险评估的基础上，制定各岗位、各工种的安全工作程序和工作标准，实行风险超前预控，提高员工对生产作业中出现的各种不安全因素的认知和防范能力。

完善班组安全生产目标控制考核激励约束机制。把企业的安全生产控制目标层层分解落实到班组，实行班组安全生产目标考核制度，完善安全、生产、效益结构工资制，加大安全构成比重，严格考核奖惩，将安全生产作为班组、班组长、班组员工推优评先、效益工资分配的“一票否决”指标。煤矿企业对班组安全生产工作每月进行一次集中考核，对考核结果实行备案管理。

加强班组安全信息管理。建立健全班组信息管理系统。班组要做好班前班后会安全信息记录和生产、施工等作业记录；认真填写出勤、安全质量、隐患排查治理、班组井下员工到岗、培训等信息，提高班组安全信息基础管理水平。

（2）规范班组长管理

完善班组长任用机制。明确班组长任用标准条件、产生办法和聘任方法，规范班组长选拔程序，选拔优秀的班组长。班组长一般应具有高中以上文化程度、3 年以上现场工作经历。国有重点煤矿要争取在 3－5 年内，使班组长达到中等或中等以上文化水平。

规范班组长管理方式。实行班组长定期聘用制管理，要制定聘用和解聘条件、程序。

健全班组长人才激励机制。拓宽用人渠道，把班组长纳入煤矿管理人才培养计划，积极从优秀班组长中选拔人才，有条件的要送到高等院校培养。鼓励大学毕业生到基层班组锻炼。推优评先要向基层班组长倾斜，并应占有一定比例。

(3) 加强班组现场安全管理

严格落实班前会制度。把开好班前会作为现场管理的第一道程序，结合上一班作业现场存在的问题，针对每个环节、每个岗位，布置好当班安全生产及各岗位应协调处理的事项。明确工作中注意的问题，识别不安全因素，落实相应的防范措施，做到安全注意事项不讲明不下井、责任不明确不下井。

严格执行交接班制度。特殊岗位严格执行相关规定，除带班人员、要害岗位人员必须在现场交接班以外，严禁其他人员现场交接班；要填写好交接班日志，必须把相关安全生产原始记录一一交接清楚，防止问题不明、措施不当而危及安全生产。

充分发挥特聘煤矿安全生产群众监督员的作用。明确职责，坚持把查找隐患、制止“三违”作为煤矿安全生产群众监督员工作的重中之重，做到班组长不违章指挥、班组成员不违章作业、所有人员不违反劳动纪律。对“三违”现象要当作事故进行分析处理，做到治之于未现、防患于未然。加强现场监督检查，严格监督落实现场安全技术操作规程，严格监督按批准的技术措施进行施工或生产，严禁违规作业。

搞好安全质量标准化动态达标。积极开展安全质量标准化工作，推行作业现场精细化管理，文明生产；每班要对作业现场工程质量、岗位工作质量进行验收和评估，实现动态达标，积极创建安全精品工程。

加强隐患排查治理。抓好隐患排查，实行班组隐患分级管理，落实治理责任。对生产作业场所、安全生产设备及各系统进行定时、定点、定路线、定项目巡回检查，及时排查治理现场事故隐患，隐患没有排除班组长不得组织生产；对限期治理的事故隐患，要严格落实现场防范措施；遇到重大险情要及时报告，并有序组织人员及时撤离现场，避免事态扩大。

落实班组安全生产权益。班组长对现场作业条件的变化情况，有安全生产决策权和组织指挥权；有检查职工安全作业情况、抵制上级违章指挥权；有对作业现场工程质量、岗位工作质量进行安全评估验收权；在安全隐患没有排除或不具备安全生产条件时，有拒绝开工或停止生产权。切实落实煤矿工人安全生产权利。

（4）加强班组安全文化建设和教育培训工作

加强班组安全文化建设。积极开展切合实际、形式多样，体现班组特色的安全文化活动，强化安全生产法制意识，培养安全生产价值观，培植先进的安全生产理念，落实职工群众安全生产知情权、参与权、监督权、表达权和举报权，增强安全生产内在动力，实现“我要安全”。培养和弘扬班组团队精神，做到工作相互支持、密切配合，工序衔接协调无误。

强化安全教育培训工作。重视和发挥班组在员工教育培训中的主阵地作用，加强班组安全知识、岗位技能培训，严格新招录员工的岗前培训，做到应知应会；班组长和班组所有员工须经培训考核合格方可上岗，特殊工种要做到持证上岗。加强班组应急救援知识培训，建立班组应急预案，加强模拟演练，熟悉防灾、避灾路线，增强自救处置能力；加强对采用的新工艺、新设备、新技术的培训，适应安全发展需要；充分利用典型案例，开展警示教育，汲取事故教训，增强事故防范意识；以师带徒，提高安全生产实际操作技能；大力开展岗位练兵，促使班组员工熟练掌握安全生产操作技术，提高防范事故的能力。

积极开展班组安全技术革新。鼓励员工广泛开展安全生产小发明、小创造、小改造等安全技术革新和管理创新实践活动；鼓励员工立足岗位进行技术创新，努力营造学技术、钻业务、争先进、保安全的浓厚氛围。

第二部分

消防法规与消防工作新知识

一 《中华人民共和国消防法》相关知识点

《中华人民共和国消防法》（以下简称《消防法》）由中华人民共和国第十一届全国人民代表大会常务委员会第五次会议于2008年10月28日修订通过，自2009年5月1日起施行。该法分为七章七十四条，各章内容为：第一章总则，第二章火灾预防，第三章消防组织，第四章灭火救援，第五章监督检查，第六章法律责任，第七章附则。制定该法的目的，是为了预防火灾和减少火灾危害，加强应急救援工作，保护人身、财产安全，维护公共安全。

《消防法》规定：消防工作贯彻预防为主、防消结合的方针，按照政府统一领导、部门依法监管、单位全面负责、公民积极参与的原则，实行消防安全责任制，建立健全社会化的消防工作网络。

任何单位和个人都有维护消防安全、保护消防设施、预防火灾、报告火警的义务。任何单位和成年人都有参加有组织的灭火工作的义务。机关、团体、企业、事业等单位，应当加强对本单位人员的消防宣传教育。

1．对火灾预防的有关规定

《消防法》规定：机关、团体、企业、事业等单位应当履行下列消防安全职责：

1）落实消防安全责任制，制定本单位的消防安全制度、消防安全操作规程，制定灭火和应急疏散预案；

2）按照国家标准、行业标准配置消防设施、器材，设置消防安全标志，并定期组织检验、维修，确保完好有效；

3）对建筑消防设施每年至少进行一次全面检测，确保完好有效，检测记录应当完整准确，存档备查；

4）保障疏散通道、安全出口、消防车通道畅通，保证防火防烟分区、防火间距符合消防技术标准；

5）组织防火检查，及时消除火灾隐患；

6）组织进行有针对性的消防演练；

7）法律、法规规定的其他消防安全职责。

消防安全重点单位除应当履行上述职责外，还应当履行下列消防安全职责：

1）确定消防安全管理人，组织实施本单位的消防安全管理工作；

2）建立消防档案，确定消防安全重点部位，设置防火标志，实行严格管理；

3）实行每日防火巡查，并建立巡查记录；

4）对职工进行岗前消防安全培训，定期组织消防安全培训和消防演练。

《消防法》规定：生产、储存、经营易燃易爆危险品的场所不得与居住场所设置在同一建筑物内，并应当与居住场所保持安全距离。生产、储存、经营其他物品的场所与居住场所设置在同一建筑物内的，应当符合国家工程建设消防技术标准。

禁止在具有火灾、爆炸危险的场所吸烟、使用明火。因施工等特殊情况需要使用明火作业的，应当按照规定事先办理审批手续，采取相应的消防安全措施；作业人员应当遵守消防安全规定。进行电焊、气焊等具有火灾危险作业的人员和自动消防系统的操作人员，必须持证上岗，并遵守消防安全操作规程。

生产、储存、装卸易燃易爆危险品的工厂、仓库和专用车站、码头的设置，应当符合消防技术标准。易燃易爆气体和液体的充装站、供应站、调压站，应当设置在符合消防安全要求的位置，并符合防火防爆要求。已经设置的生产、储存、装卸易燃易爆危险品的工厂、仓库和专用车站、码头，易燃易爆气体和液体的充装站、供应站、调压站，不再符合规定要求的，地方人民政府应当组织、协调有关部门、单位限期解决，消除安全隐患。

生产、储存、运输、销售、使用、销毁易燃易爆危险品，必须执行消防技术标准和管理规定。进入生产、储存易燃易爆危险品的场所，必须执行消防安全规定。禁止非法携带易燃易爆危险品进入公共场所或者乘坐公共交通工具。

《消防法》规定：任何单位、个人不得损坏、挪用或者擅自拆除、停用消防设施、器材，不得埋压、圈占、遮挡消火栓或者占用防火间距，不得占用、堵塞、封闭疏散通道、安全出口、消防车通道。人员密集场所的门窗不得设置影响逃生和灭火救援的障碍物。

负责公共消防设施维护管理的单位，应当保持消防供水、消防通信、消防车通道等公共消防设施的完好有效。在修建道路以及停电、停水、截断通信线路时有可能影响消防队灭火救援的，有关单位必须事先通知当地公安机关消防机构。

2．对消防组织的有关规定

《消防法》规定：下列单位应当建立单位专职消防队，承担本单位的火灾扑救工作：

1）大型核设施单位、大型发电厂、民用机场、主要港口；

2）生产、储存易燃易爆危险品的大型企业；

3）储备可燃的重要物资的大型仓库、基地；

4）火灾危险性较大、距离公安消防队较远的其他大型企业；

5）距离公安消防队较远、被列为全国重点文物保护单位的古建筑群的管理单位。

机关、团体、企业、事业等单位以及村民委员会、居民委员会根据需要，建立志愿消防队等多种形式的消防组织，开展群众性自防自救工作。

3．对灭火救援的有关规定

《消防法》规定：任何人发现火灾都应当立即报警。任何单位、个人都应当无偿为报警提供便利，不得阻拦报警。严禁谎报火警。人员密集场所发生火灾，该场所的现场工作人员应当立即组织、引导在场人员疏散。任何单位发生火灾，必须立即组织力量扑救。邻近单位应当给予支援。

对因参加扑救火灾或者应急救援受伤、致残或者死亡的人员，按照国家有关规定给予医疗、抚恤。

火灾扑灭后，发生火灾的单位和相关人员应当按照公安机关消防机构的要求保护现场，接受事故调查，如实提供与火灾有关的情况。

4. 对监督检查的有关规定

《消防法》规定：公安机关消防机构应当对机关、团体、企业、事业等单位遵守消防法律、法规的情况依法进行监督检查。公安机关消防机构在消防监督检查中发现火灾隐患的，应当通知有关单位或者个人立即采取措施消除隐患；不及时消除隐患可能严重威胁公共安全的，公安机关消防机构应当依照规定对危险部位或者场所采取临时查封措施。

5. 对法律责任的有关规定

《消防法》规定：单位违反本法规定，有下列行为之一的，责令改正，处五千元以上五万元以下罚款：

1）消防设施、器材或者消防安全标志的配置、设置不符合国家标准、行业标准，或者未保持完好有效的；

2）损坏、挪用或者擅自拆除、停用消防设施、器材的；

3）占用、堵塞、封闭疏散通道、安全出口或者有其他妨碍安全疏散行为的；

4）埋压、圈占、遮挡消火栓或者占用防火间距的；

5）占用、堵塞、封闭消防车通道，妨碍消防车通行的；

6）人员密集场所在门窗上设置影响逃生和灭火救援的障碍物的；

7）对火灾隐患经公安机关消防机构通知后不及时采取措施消除的。

个人有上述第二项、第三项、第四项、第五项行为之一的，处警告或者五百元以下罚款。

《消防法》规定：生产、储存、经营易燃易爆危险品的场所与居住场所设置在同一建筑物内，或者未与居住场所保持安全距离的，责令停产停业，并处五千元以上五万元以下罚款。生产、储存、经营其他物品的场所与居住场所设置在同一建筑物内，不符合消防技术标准的，依照上述规定处罚。

《消防法》规定：有下列行为之一的，依照《中华人民共和国治安管理处罚法》的规定处罚：

1）违反有关消防技术标准和管理规定生产、储存、运输、销售、使用、销毁易燃易爆危险品的；

2）非法携带易燃易爆危险品进入公共场所或者乘坐公共交通工具的；

3）谎报火警的；

4）阻碍消防车、消防艇执行任务的；

5）阻碍公安机关消防机构的工作人员依法执行职务的。

《消防法》规定：有下列行为之一的，处警告或者五百元以下罚款；情节严重的，处五日以下拘留：

1）违反消防安全规定进入生产、储存易燃易爆危险品场所的；

2）违反规定使用明火作业或者在具有火灾、爆炸危险的场所吸烟、使用明火的。

有下列行为之一，尚不构成犯罪的，处十日以上十五日以下拘留，可以并处五百元以下罚款；情节较轻的，处警告或者五百元以下罚款：

1）指使或者强令他人违反消防安全规定，冒险作业的；

2）过失引起火灾的；

3）在火灾发生后阻拦报警，或者负有报告职责的人员不及时报警的；

4）扰乱火灾现场秩序，或者拒不执行火灾现场指挥员指挥，影响灭火救援的；

5）故意破坏或者伪造火灾现场的；

6）擅自拆封或者使用被公安机关消防机构查封的场所、部位的。

《消防法》规定：人员密集场所发生火灾，该场所的现场工作人员不履行组织、引导在场人员疏散的义务，情节严重，尚不构成犯罪的，处五日以上十日以下拘留。

《消防法》所指公众聚集场所，是指宾馆、饭店、商场、集贸市场、客运车站候车室、客运码头候船厅、民用机场航站楼、体育场馆、会堂以及公共娱乐场所等。人员密集场所，是指公众聚集场所，医院的门诊楼、病房楼，学校的教学楼、图书馆、食堂和集体宿舍，养老院，福利院，托儿所，幼儿园，公共图书馆的阅览室，公共展览馆、博物馆的展示厅，劳动密集型企业的生产加工车间和员工集体宿舍，旅游、宗教活动场所等。

二 《建设工程消防监督管理规定》相关知识点

修订后的《建设工程消防监督管理规定》（中华人民共和国公安部令第 106 号）自 2009 年 5 月 1 日起施行。1996

年10月16日发布的《建筑工程消防监督审核管理规定》(公安部令第30号）同时废止。该规定分为七章五十一条，各章内容为：第一章总则，第二章消防设计、施工的质量责任，第三章消防设计审核和消防验收，第四章消防设计和竣工验收的备案抽查，第五章执法监督，第六章法律责任，第七章附则。制定该规定的目的，是依据《中华人民共和国消防法》《建设工程质量管理条例》，加强建设工程消防监督管理，落实建设工程消防设计、施工质量和安全责任，规范消防监督管理行为。该规定适用于新建、扩建、改建(含室内装修、用途变更）等建设工程的消防监督管理。该规定不适用住宅室内装修、村民自建住宅、救灾和其他临时性建筑的建设活动。

《建设工程消防监督管理规定》规定：公安机关消防机构依法实施建设工程消防设计审核、消防验收和备案、抽查。

1. 对消防设计、施工的质量责任的有关规定

《建设工程消防监督管理规定》规定：建设单位不得要求设计、施工、工程监理等有关单位和人员违反消防法规和国家工程建设消防技术标准，降低建设工程消防设计、施工质量，并承担下列消防设计、施工的质量责任：

1）依法申请建设工程消防设计审核、消防验收，依法办理消防设计和竣工验收备案手续并接受抽查；建设工程内设置的公众聚集场所未经消防安全检查或者经检查不符合消防安全要求的，不得投入使用、营业；

2）实行工程监理的建设工程，应当将消防施工质量一并委托监理；

3）选用具有国家规定资质等级的消防设计、施工单位；

4）选用合格的消防产品和满足防火性能要求的建筑构件、建筑材料及室内装修装饰材料；

5）依法应当经消防设计审核、消防验收的建设工程，未经审核或者审核不合格的，不得组织施工；未经验收或者验收不合格的，不得交付使用。

施工单位应当承担下列消防施工的质量和安全责任：

1）按照国家工程建设消防技术标准和经消防设计审核合格或者备案的消防设计文件组织施工，不得擅自改变消防设计进行施工，降低消防施工质量；

2）查验消防产品和有防火性能要求的建筑构件、建筑材料及室内装修装饰材料的质量，使用合格产品，保证消防施工质量；

3）建立施工现场消防安全责任制度，确定消防安全负责人。加强对施工人员的消防教育培训，落实动火、用电、易燃可燃材料等消防管理制度和操作规程。保证在建工程竣工验收前消防通道、消防水源、消防设施和器材、消防安全标志等完好有效。

2. 对消防设计审核和消防验收的有关规定

《建设工程消防监督管理规定》规定：对具有下列情形之一的人员密集场所，建设单位应当向公安机关消防机构申请消防设计审核，并在建设工程竣工后向出具消防设计审核意见的公安机关消防机构申请消防验收：

1）建筑总面积大于二万平方米的体育场馆、会堂，公共展览馆、博物馆的展示厅；

2）建筑总面积大于一万五千平方米的民用机场航站楼、客运车站候车室、客运码头候船厅；

3）建筑总面积大于一万平方米的宾馆、饭店、商场、市场；

4）建筑总面积大于二千五百平方米的影剧院，公共图书馆的阅览室，营业性室内健身、休闲场馆，医院的门诊楼，大学的教学楼、图书馆、食堂，劳动密集型企业的生产加工车间，寺庙、教堂；

5）建筑总面积大于一千平方米的托儿所、幼儿园的儿童用房，儿童游乐厅等室内儿童活动场所，养老院、福利院，医院、疗养院的病房楼，中小学校的教学楼、图书馆、食堂，学校的集体宿舍，劳动密集型企业的员工集体宿舍；

6）建筑总面积大于五百平方米的歌舞厅、录像厅、放映厅、卡拉 OK 厅、夜总会、游艺厅、桑拿浴室、网吧、酒吧，具有娱乐功能的餐馆、茶馆、咖啡厅。

3. 对法律责任的有关规定

《建设工程消防监督管理规定》规定：有下列情形之一的，应当依法从重处罚：

1）已经通过消防设计审核，擅自改变消防设计，降低消防安全标准的；

2）建设工程未依法进行备案，且不符合国家工程建设消防技术标准强制性要求的；

3）经责令限期备案逾期不备案的；

4）工程监理单位与建设单位或者施工单位串通，弄虚作假，降低消防施工质量的。

三 《消防监督检查规定》相关知识点

修订后的《消防监督检查规定》（公安部令第 107 号）自 2009 年 5 月 1 日起施行。2004 年 6 月 9 日发布的《消防监督检查规定》（公安部令第 73 号）同时废止。该规定分为六章四十条，各章内容为：第一章总则，第二章消防监督检查的形式和内容，第三章消防监督检查的程序，第四章公安派出所日常消防监督检查，第五章执法监督，第六章附则。制定该规定的目的，是依据《中华人民共和国消防法》，加强和规范消防监督检查工作，督促机关、团体、企业、事业等单位（以下简称单位）履行消防安全职责。该规定适用于公安机关消防机构和公安派出所依法对单位遵守消防法律、法规情况进行消防监督检查。

1. 对消防监督检查的形式和内容的有关规定

《消防监督检查规定》规定：对单位履行法定消防安全职责情况的监督抽查，应当根据单位的实际情况检查下列内容：

1）建筑物或者场所是否依法通过消防验收或者进行消防竣工验收备案，公众聚集场所是否通过投入使用、营业前的消防安全检查；

2）建筑物或者场所的使用情况是否与消防验收或者进行消防竣工验收备案时确定的使用性质相符；

3）单位消防安全制度、灭火和应急疏散预案是否制定；

4）建筑消防设施是否定期进行全面检测，消防设施、器材和消防安全标志是否定期组织检验、维修，是否完好有效；

5）电器线路、燃气管路是否定期维护保养、检测；

6）疏散通道、安全出口、消防车通道是否畅通，防火分区是否改变，防火间距是否被占用；

7）是否组织防火检查、消防演练和员工消防安全教育培训，自动消防系统操作人员是否持证上岗；

8）生产、储存、经营易燃易爆危险品的场所是否与居住场所设置在同一建筑物内；

9）生产、储存、经营其他物品的场所与居住场所设置在同一建筑物内的，是否符合消防技术标准；

10）其他依法需要检查的内容。

对大型的人员密集场所和其他特殊建设工程的施工工地进行消防监督检查，应当重点检查施工单位履行下列消防安全职责的情况：

1）是否制定施工现场消防安全制度、灭火和应急疏散预案；

2）对电焊、气焊等明火作业是否有相应的消防安全防护措施；

3）是否设置与施工进度相适应的临时消防水源、安装消火栓并配备水带水枪，消防器材是否配备并完好有效；

4）是否设有消防车通道并畅通；

5）是否组织员工消防安全教育培训和消防演练；

6）员工集体宿舍是否与施工作业区分开设置，员工集体宿舍是否存在违章用火、用电、用油、用气。

2. 对消防监督检查程序的有关规定

《消防监督检查规定》规定：公安机关消防机构在消防监督检查中发现火灾隐患，应当通知有关单位或者个人立即采取措施消除；对具有下列情形之一，不及时消除可能严重威胁公共安全的，应当对危险部位或者场所予以临时查封：

1）疏散通道、安全出口数量不足或者严重堵塞，已不具备安全疏散条件的；

2）建筑消防设施严重损坏，不再具备防火灭火功能的；

3）人员密集场所违反消防安全规定，使用、储存易燃易爆危险品的；

4）公众聚集场所违反消防技术标准，采用易燃、可燃材料装修装饰，可能导致重大人员伤亡的；

5）其他可能严重威胁公共安全的火灾隐患。

临时查封期限不得超过一个月。但逾期未消除火灾隐患的，不受查封期限的限制。

3．对公安派出所日常消防监督检查的有关规定

《消防监督检查规定》规定：公安派出所对单位进行日常消防监督检查，应当检查下列内容：

1）建筑物或者场所是否依法通过消防验收或者进行消防竣工验收备案，公众聚集场所是否依法通过投入使用、营业前的消防安全检查；

2）是否制定消防安全制度；

3）是否组织防火检查、消防安全宣传教育培训、灭火和应急疏散演练；

4）消防车通道、疏散通道、安全出口是否畅通，室内

消火栓、疏散指示标志、应急照明、灭火器是否完好有效；

5）生产、储存、经营易燃易爆危险品的场所是否与居住场所设置在同一建筑物内。

公安派出所对居民委员会、村民委员会进行日常消防监督检查，应当检查下列内容：

1）消防安全管理人是否确定；

2）消防安全工作制度、村（居）民防火安全公约是否制定；

3）是否开展消防宣传教育、防火安全检查；

4）是否对社区、村庄消防水源（消火栓）、消防车通道、消防器材进行维护管理；

5）是否建立志愿消防队等多种形式消防组织。

公安派出所民警在日常消防监督检查时，发现被检查单位有下列行为之一的，应当责令依法改正：

1）未制定消防安全制度、未组织防火检查和消防安全教育培训、消防演练的；

2）占用、堵塞、封闭疏散通道、安全出口的；

3）占用、堵塞、封闭消防车通道，妨碍消防车通行的；

4）埋压、圈占、遮挡消火栓或者占用防火间距的；

5）室内消火栓、灭火器、疏散指示标志和应急照明未保持完好有效的；

6）人员密集场所在门窗上设置影响逃生和灭火救援的障碍物的；

7）违反消防安全规定进入生产、储存易燃易爆危险品场所的；

8）违反规定使用明火作业或者在具有火灾、爆炸危险的场所吸烟、使用明火的；

9）生产、储存和经营易燃易爆危险品的场所与居住场所设置在同一建筑物内的；

10）未对建筑消防设施定期进行全面检测的。

公安派出所发现被检查单位的建筑物未依法通过消防验收，或者进行消防竣工验收备案，擅自投入使用的；公众聚集场所未依法通过使用、营业前的消防安全检查，擅自使用、营业的，应当在检查之日起五个工作日内书面移交公安机关消防机构处理。

公安派出所在日常消防监督检查中，发现存在严重威胁公共安全的火灾隐患，应当在责令改正的同时书面报告乡镇人民政府或者街道办事处和公安机关消防机构。

4．对执法监督的有关规定

《消防监督检查规定》规定：公安机关消防机构应当健全消防监督检查工作制度，建立执法档案，定期进行执法质量考评，落实执法过错责任追究。公安机关消防机构及其工作人员进行消防监督检查，应当自觉接受单位和公民的监督。

5．对火灾隐患的有关规定

《消防监督检查规定》规定：具有下列情形之一的，应当确定为火灾隐患：

1）影响人员安全疏散或者灭火救援行动，不能立即改正的；

2）消防设施未保持完好有效，影响防火灭火功能的；

3）擅自改变防火分区，容易导致火势蔓延、扩大的；

4）在人员密集场所违反消防安全规定，使用、储存易燃易爆危险品，不能立即改正的；

5）不符合城市消防安全布局要求，影响公共安全的；

6）其他可能增加火灾实质危险性或者危害性的情形。

四　《火灾事故调查规定》相关知识点

修订后的《火灾事故调查规定》（公安部令第108号）自2009年5月1日起施行。1999年3月15日发布施行的《火灾事故调查规定》（公安部令第37号）和2008年3月18日发布实施的《火灾事故调查规定修正案》（公安部令第100号）同时废止。该规定分为六章四十八条，各章内容为：第一章总则，第二章管辖，第三章简易程序，第四章一般程序，第五章火灾事故调查的处理，第六章附则。制定该规定的目的，是根据《中华人民共和国消防法》，规范火灾事故调查，保障公安机关消防机构依法履行职责，保护火灾当事人的合法权益。该规定适用于公安机关消防机构调查火灾事故。

《火灾事故调查规定》规定：火灾事故调查的任务是调查火灾原因，统计火灾损失，依法对火灾事故作出处理，总结火灾教训。火灾事故调查应当坚持及时、客观、公正、合法的原则。任何单位和个人不得妨碍和非法干预火灾事故调查。

1．对管辖的有关规定

《火灾事故调查规定》规定：火灾事故调查由县级以上人民政府公安机关主管，并由本级公安机关消防机构实施；

尚未设立公安机关消防机构的，由县级人民政府公安机关实施。

火灾事故调查由火灾发生地公安机关消防机构按照下列分工进行：

1）一次火灾死亡十人以上的，重伤二十人以上或者死亡、重伤二十人以上的，受灾五十户以上的，由省、自治区人民政府公安机关消防机构负责调查；

2）一次火灾死亡一人以上的，重伤十人以上的，受灾三十户以上的，由设区的市或者相当于同级的人民政府公安机关消防机构负责调查；

3）一次火灾重伤十人以下或者受灾三十户以下的，由县级人民政府公安机关消防机构负责调查。

公安机关消防机构接到火灾报警，应当及时派员赶赴现场，并指派火灾事故调查人员开展火灾事故调查工作。

《火灾事故调查规定》规定：具有下列情形之一的，公安机关消防机构应当立即报告主管公安机关通知具有管辖权的公安机关刑侦部门，公安机关刑侦部门接到通知后应当立即派员赶赴现场参加调查；涉嫌放火罪的，公安机关刑侦部门应当依法立案侦查，公安机关消防机构予以协助：

1）有人员死亡的火灾；

2）国家机关、广播电台、电视台、学校、医院、养老院、托儿所、幼儿园、文物保护单位、邮政和通信、交通枢纽等部门和单位发生的社会影响大的火灾；

3）具有放火嫌疑的火灾。

2. 对简易程序的有关规定

《火灾事故调查规定》规定：同时具有下列情形的火

灾，可以适用简易调查程序：

1）没有人员伤亡的；

2）直接财产损失轻微的；

3）当事人对火灾事故事实没有异议的；

4）没有放火嫌疑的。

3. 对一般程序的有关规定

《火灾事故调查规定》规定：火灾发生地的县级公安机关消防机构应当根据火灾现场情况，排除现场险情，初步划定现场封闭范围，并设置警戒标志，禁止无关人员进入现场，控制火灾肇事嫌疑人。公安机关消防机构应当根据火灾事故调查需要，及时调整现场封闭范围，并在现场勘验结束后及时解除现场封闭。

火灾事故调查人员应当根据调查需要，对发现、扑救火灾人员，熟悉起火场所、部位和生产工艺人员，火灾肇事嫌疑人和被侵害人等知情人员进行询问。对火灾肇事嫌疑人可以依法传唤。必要时，可以要求被询问人到火灾现场进行指认。询问应当制作笔录，由火灾事故调查人员和被询问人签名或者捺指印。被询问人拒绝签名和捺指印的，应当在笔录中注明。

《火灾事故调查规定》规定：对起火原因已经查清的，应当认定起火时间、起火部位、起火点和起火原因；对起火原因无法查清的，应当认定起火时间、起火点或者起火部位以及有证据能够排除的起火原因。

灾害成因的认定应当包括下列内容：

1）火灾报警、初期火灾扑救和人员疏散情况；

2）火灾蔓延、损失情况；

3）与火灾蔓延、损失扩大存在直接因果关系的违反消防法律法规、消防技术标准的事实。

4．对火灾事故调查处理的有关规定

《火灾事故调查规定》规定：公安机关消防机构在火灾事故调查过程中，应当根据下列情况分别作出处理：

1）涉嫌失火罪、消防责任事故罪的，按照《公安机关办理刑事案件程序规定》立案侦查；涉嫌其他犯罪的，及时移送有关主管部门办理；

2）涉嫌消防安全违法行为的，按照《公安机关办理行政案件程序规定》调查处理；涉嫌其他违法行为的，及时移送有关主管部门调查处理；

3）应当给予处分的，移交有关主管部门处理。

对经过调查不属于火灾事故的，公安机关消防机构应当告知当事人处理途径并记录在案。

五 《社会消防安全教育培训规定》相关知识点

《社会消防安全教育培训规定》（公安部令第 109 号），已经 2008 年 12 月 30 日公安部部长办公会议通过，并经教育部、民政部、人力资源和社会保障部、住房和城乡建设部、文化部、广电总局、安全监管总局、国家旅游局同意，自 2009 年 6 月 1 日起施行。该规定分为六章三十七条，各章内容为：第一章总则，第二章管理职责，第三章消防安全教育培训，第四章消防安全培训机构，第五章奖惩，第六章附则。制定该规定的目的，是根据《中华人民共和国消防法》等有关法律法规，加强社会消防安全教育培训工作，提高公民消防安全素质，有效预防火灾，减少火灾危害。

《社会消防安全教育培训规定》规定：机关、团体、企业、事业等单位（以下统称单位）、社区居民委员会、村民委员会依照本规定开展消防安全教育培训工作。

1. 对管理职责的有关规定

《社会消防安全教育培训规定》规定：安全生产监督管理部门应当履行下列职责：

1）指导、监督矿山、危险化学品、烟花爆竹等生产经营单位开展消防安全教育培训工作；

2）将消防安全知识纳入安全生产监管监察人员和矿山、危险化学品、烟花爆竹等生产经营单位主要负责人、安全生产管理人员以及特种作业人员培训考核内容；

3）将消防法律法规和有关消防技术标准纳入注册安全工程师培训及执业资格考试内容。

2. 对消防安全教育培训的有关规定

《社会消防安全教育培训规定》规定：单位应当根据本单位的特点，建立健全消防安全教育培训制度，明确机构和人员，保障教育培训工作经费，按照下列规定对职工进行消防安全教育培训：

1）定期开展形式多样的消防安全宣传教育；

2）对新上岗和进入新岗位的职工进行上岗前消防安全培训；

3）对在岗的职工每年至少进行一次消防安全培训；

4）消防安全重点单位每半年至少组织一次、其他单位每年至少组织一次灭火和应急疏散演练。

单位对职工的消防安全教育培训应当将本单位的火灾危

险性、防火灭火措施、消防设施及灭火器材的操作使用方法、人员疏散逃生知识等作为培训的重点。

社区居民委员会、村民委员会应当开展下列消防安全教育工作：

1）组织制定防火安全公约；

2）在社区、村庄的公共活动场所设置消防宣传栏，利用文化活动站、学习室等场所，对居民、村民开展经常性的消防安全宣传教育；

3）组织志愿消防队、治安联防队和灾害信息员、保安人员等开展消防安全宣传教育；

4）利用社区、乡村广播、视频设备定时播放消防安全常识，在火灾多发季节、农业收获季节、重大节日和乡村民俗活动期间，有针对性地开展消防安全宣传教育。

社区居民委员会、村民委员会应当确定至少一名专（兼）职消防安全员，具体负责消防安全宣传教育工作。

物业服务企业应当在物业服务工作范围内，根据实际情况积极开展经常性消防安全宣传教育，每年至少组织一次本单位员工和居民参加的灭火和应急疏散演练。

《社会消防安全教育培训规定》规定：在建工程的施工单位应当开展下列消防安全教育工作：

1）建设工程施工前应当对施工人员进行消防安全教育；

2）在建设工地醒目位置、施工人员集中住宿场所设置消防安全宣传栏，悬挂消防安全挂图和消防安全警示标识；

3）对明火作业人员进行经常性的消防安全教育；

4）组织灭火和应急疏散演练。

在建工程的建设单位应当配合施工单位做好上述消防安全教育工作。

3. 对奖惩的有关规定

《社会消防安全教育培训规定》规定：地方各级人民政府及有关部门对在消防安全教育培训工作中有突出贡献或者成绩显著的单位和个人，应当给予表彰奖励。单位对消防安全教育培训工作成绩突出的职工，应当给予表彰奖励。

单位违反本规定，构成违反消防管理行为的，由公安机关消防机构依照《中华人民共和国消防法》予以处罚。

六 《重大火灾隐患判定方法》相关知识点

如何判定重大火灾隐患，是消防工作中经常遇到的问题，2007 年 1 月 1 日实施的《重大火灾隐患判定方法》［GA 653—2006］规定了重大火灾隐患的判定原则，提供了重大火灾隐患的判定方法。适用于在用工业与民用建筑（包括人民防空工程）及相关场所因违反或不符合消防法规而形成的重大火灾隐患的判定。

1. 重大火灾隐患直接判定

下列重大火灾隐患可以直接判定：

1）生产、储存和装卸易燃易爆化学物品的工厂、仓库和专用车站、码头、储罐区，未设置在城市的边缘或相对独立的安全地带；

2）甲、乙类厂房设置在建筑的地下、半地下室；

3）甲、乙类厂房、库房或丙类厂房与人员密集场所、住宅或宿舍混合设置在同一建筑内；

4）公共娱乐场所、商店、地下人员密集场所的安全出口、楼梯间的设置形式及数量不符合规定；

5）旅馆、公共娱乐场所、商店、地下人员密集场所未按规定设置自动喷水灭火系统或火灾自动报警系统；

6）易燃可燃液体、可燃气体储罐（区）未按规定设置固定灭火、冷却设施。

2．重大火灾隐患的综合判定

1）总平面布置

①未按规定设置消防车道或消防车道被堵塞、占用。

②建筑之间的既有防火间距被占用。

③城市建成区内的液化石油气加气站、加油加气合建站的储量达到或超过GB 50156对一级站的规定。

④丙类厂房或丙类仓库与集体宿舍混合设置在同一建筑内。

⑤托儿所、幼儿园的儿童用房及儿童游乐厅等儿童活动场所，老年人建筑，医院、疗养院的住院部分等与其他建筑合建时，所在楼层位置不符合规定。

⑥地下车站的站厅乘客疏散区、站台及疏散通道内设置商业经营活动场所。

2）防火分隔

①擅自改变原有防火分区，造成防火分区面积超过规定的50%。

②防火门、防火卷帘等防火分隔设施损坏的数量超过该防火分区防火分隔设施数量的50%。

③丙、丁、戊类厂房内有火灾爆炸危险的部位未采取防

火防爆措施，或这些措施不能满足防止火灾蔓延的要求。

3）安全疏散及灭火救援

①擅自改变建筑内的避难走道、避难间、避难层与其他区域的防火分隔设施，或避难走道、避难间、避难层被占用、堵塞而无法正常使用。

②建筑物的安全出口数量不符合规定，或被封堵。

③按规定应设置独立的安全出口、疏散楼梯而未设置。

④商店营业厅内的疏散距离超过规定距离的25%。

⑤高层建筑和地下建筑未按规定设置疏散指示标志、应急照明，或损坏率超过30%；其他建筑未按规定设置疏散指示标志、应急照明，或损坏率超过50%。

⑥设有人员密集场所的高层建筑的封闭楼梯间、防烟楼梯间门的损坏率超过20%，其他建筑的封闭楼梯间、防烟楼梯间门的损坏率超过50%。

⑦民用建筑内疏散走道、疏散楼梯间、前室室内的装修材料燃烧性能低于B1级。

⑧人员密集场所的疏散走道、楼梯间、疏散门或安全出口设置栅栏、卷帘门。

4）消防给水及灭火设施

①未按规定设置消防水源。

②未按规定设置室外消防给水设施，或已设置但不能正常使用。

③未按规定设置室内消火栓系统，或已设置但不能正常使用。

④未按规定设置除自动喷水灭火系统外的其他固定灭火设施。

⑤已设置的自动喷水灭火系统或其他固定灭火设施不能正常使用或运行。

5）消防电源

①消防用电设备未按规定采用专用的供电回路。

②未按规定设置消防用电设备末端自动切换装置，或已设置但不能正常工作。

6）其他

①违反规定在可燃材料或可燃构件上直接敷设电气线路或安装电气设备。

②易燃易爆化学物品场所未按规定设置防雷、防静电设施，或防雷、防静电设施失效。

③易燃易爆化学物品或有粉尘爆炸危险的场所未按规定设置防爆电气设备，或防爆电气设备失效。

④违反规定在公共场所使用可燃材料装修。

七 《人员密集场所消防安全管理》相关知识点

人员密集场所是指人员聚集的室内场所。如：宾馆、饭店等旅馆，餐饮场所，商场、市场、超市等商店，体育场馆，公共展览馆、博物馆的展览厅，金融证券交易场所，公共娱乐场所，医院的门诊楼、病房楼，老年人建筑、托儿所、幼儿园，学校的教学楼、图书馆和集体宿舍，公共图书馆的阅览室，客运车站、码头、民用机场的候车、候船、候机厅（楼），人员密集的生产加工车间、员工集体宿舍等。

《人员密集场所消防安全管理》［GA 654—2006］于2007 年 1 月 1 日起实施，该标准提出了人员密集场所使用和管理单位的消防安全管理要求和措施，适用于各类人员密集场所及其所在建筑的消防安全管理。

与班组安全管理相关内容为：

1. 消防安全责任和职责（通则）

1）人员密集场所的消防安全责任人应由该场所的法定代表人或者主要负责人担任。消防安全责任人可以根据需要确定本场所的消防安全管理人。承包、租赁场所的承租人是其承包、租赁范围的消防安全责任人，各部门负责人是部门消防安全责任人。

2）消防安全管理人、消防控制室值班员和消防设施操作维护人员应经过消防职业培训，持证上岗。保安人员应掌握防火和灭火的基本技能。电气焊工、电工、易燃易爆化学物品操作人员应熟悉本工种操作过程的火灾危险性，掌握消防基本知识和防火、灭火基本技能。

3）志愿和义务消防队员应掌握消防安全知识和灭火的基本技能，定期开展消防训练，火灾时应履行扑救火灾和引导人员疏散的义务。

2. 消防安全管理人职责

1）拟订年度消防安全工作计划，组织实施日常消防安全管理工作。

2）组织制订消防安全管理制度和保障消防安全的操作规程，并检查督促落实。

3）拟订消防安全工作的资金预算和组织保障方案。

4）组织实施防火检查和火灾隐患整改。

5）组织实施对本场所消防设施、灭火器材和消防安全标志的维护保养，确保其完好有效和处于正常运行状态，确保疏散通道和安全出口畅通。

6）组织管理专职消防队、志愿消防队或义务消防队，开展日常业务训练。

7）组织从业人员开展消防知识、技能的教育和培训，组织灭火和应急疏散预案的实施和演练。

8）定期向消防安全责任人报告消防安全情况，及时报告涉及消防安全的重大问题。

9）消防安全责任人委托的其他消防安全管理工作。

3. 保安人员职责

1）按照本单位的管理规定进行防火巡查，并做好记录，发现问题应及时报告。

2）发现火灾应及时报火警并报告主管人员，实施灭火和应急疏散预案，协助灭火救援。

3）劝阻和制止违反消防法规和消防安全管理制度的行为。

4. 电气焊工、电工、易燃易爆化学物品操作人员职责

1）执行有关消防安全制度和操作规程，履行审批手续。

2）落实相应作业现场的消防安全措施，保障消防安全。

3）发生火灾后应立即报火警，实施扑救。

5. 用火、动火安全管理

1）人员密集场所应建立用火、动火安全管理制度，并应明确用火、动火管理的责任部门和责任人，用火、动火的审批范围、程序和要求以及电气焊工的岗位资格及其职责要求等内容。

2）用火、动火安全管理应符合下列要求：

①需要动火施工的区域与使用、营业区之间应进行防火分隔；

②电气焊等明火作业前，实施动火的部门和人员应按照制度规定办理动火审批手续，清除易燃可燃物，配置灭火器材，落实现场监护人和安全措施，在确认无火灾、爆炸危险后方可动火施工；

③商店、公共娱乐场所禁止在营业时间进行动火施工；

④演出、放映场所需要使用明火效果时，应落实相关的防火措施；

⑤人员密集场所不应使用明火照明或取暖，如特殊情况需要时应有专人看护；

⑥炉火、烟道等取暖设施与可燃物之间应采取防火隔热措施；

⑦旅馆、餐饮场所、医院、学校等厨房的烟道应至少每季度清洗一次；

⑧厨房燃油、燃气管道应经常检查、检测和保养。

第三部分

特种设备安全监管新知识

一 《特种设备安全监察条例》相关知识点

1.《特种设备安全监察条例》相关知识点

《特种设备安全监察条例》（2003 年 3 月 11 日国务院令第 373 号公布，根据 2009 年 1 月 24 日《国务院关于修改〈特种设备安全监察条例〉的决定》修订）分为八章一百零三条，各章内容为：第一章总则，第二章特种设备的生产，第三章特种设备的使用，第四章检验检测，第五章监督检查，第六章事故预防和调查处理，第七章法律责任，第八章附则。制定该条例的目的，是为了加强特种设备的安全监察，防止和减少事故，保障人民群众生命和财产安全，促进经济发展。该条例所称特种设备是指涉及生命安全、危险性较大的锅炉、压力容器（含气瓶，下同）、压力管道、电梯、起重机械、客运索道、大型游乐设施和场（厂）内专用机动车辆。

《特种设备安全监察条例》规定：特种设备的生产（含设计、制造、安装、改造、维修，下同）、使用、检验检测及其监督检查，应当遵守本条例，但本条例另有规定的除外。房屋建筑工地和市政工程工地用起重机械、场（厂）

内专用机动车辆的安装、使用的监督管理，由建设行政主管部门依照有关法律、法规的规定执行。

《特种设备安全监察条例》规定：国务院特种设备安全监督管理部门负责全国特种设备的安全监察工作，县以上地方负责特种设备安全监督管理的部门对本行政区域内特种设备实施安全监察（以下统称特种设备安全监督管理部门）。

特种设备生产、使用单位应当建立健全特种设备安全、节能管理制度和岗位安全、节能责任制度。特种设备生产、使用单位的主要负责人应当对本单位特种设备的安全和节能全面负责。特种设备生产、使用单位和特种设备检验检测机构，应当接受特种设备安全监督管理部门依法进行的特种设备安全监察。

（1）对特种设备生产的有关规定

《特种设备安全监察条例》规定：特种设备生产单位，应当依照本条例规定以及国务院特种设备安全监督管理部门制订并公布的安全技术规范（以下简称安全技术规范）的要求，进行生产活动。

锅炉、压力容器中的气瓶（以下简称气瓶）、氧舱和客运索道、大型游乐设施以及高耗能特种设备的设计文件，应当经国务院特种设备安全监督管理部门核准的检验检测机构鉴定，方可用于制造。

锅炉、压力容器、电梯、起重机械、客运索道、大型游乐设施及其安全附件、安全保护装置的制造、安装、改造单位，以及压力管道用管子、管件、阀门、法兰、补偿器、安全保护装置等（以下简称压力管道元件）的制造单位和场（厂）内专用机动车辆的制造、改造单位，应当经国务院特种设备安全监督管理部门许可，方可从事相应的活动。

特种设备的制造、安装、改造单位应当具备下列条件：

1）有与特种设备制造、安装、改造相适应的专业技术人员和技术工人；

2）有与特种设备制造、安装、改造相适应的生产条件和检测手段；

3）有健全的质量管理制度和责任制度。

《特种设备安全监察条例》规定：特种设备出厂时，应当附有安全技术规范要求的设计文件、产品质量合格证明、安装及使用维修说明、监督检验证明等文件。

锅炉、压力容器、电梯、起重机械、客运索道、大型游乐设施、场（厂）内专用机动车辆的维修单位，应当有与特种设备维修相适应的专业技术人员和技术工人以及必要的检测手段，并经省、自治区、直辖市特种设备安全监督管理部门许可，方可从事相应的维修活动。

锅炉、压力容器、起重机械、客运索道、大型游乐设施的安装、改造、维修以及场（厂）内专用机动车辆的改造、维修，必须由依照本条例取得许可的单位进行。电梯的安装、改造、维修，必须由电梯制造单位或者其通过合同委托、同意的依照本条例取得许可的单位进行。电梯制造单位对电梯质量以及安全运行涉及的质量问题负责。

特种设备安装、改造、维修的施工单位应当在施工前将拟进行的特种设备安装、改造、维修情况书面告知直辖市或者设区的市的特种设备安全监督管理部门，告知后即可施工。

电梯的制造、安装、改造和维修活动，必须严格遵守安全技术规范的要求。电梯制造单位委托或者同意其他单位进行电梯安装、改造、维修活动的，应当对其安装、改造、维修活动进行安全指导和监控。电梯的安装、改造、维修活动结束后，电梯制造单位应当按照安全技术规范的要求对电梯进行校验和调试，并对校验和调试的结果负责。

《特种设备安全监察条例》规定：移动式压力容器、气瓶充装单位应当经省、自治区、直辖市的特种设备安全监督管理部门许可，方可从事充装活动。充装单位应当具备下列条件：

1）有与充装和管理相适应的管理人员和技术人员；

2）有与充装和管理相适应的充装设备、检测手段、场地厂房、器具、安全设施；

3）有健全的充装管理制度、责任制度、紧急处理措施。

气瓶充装单位应当向气体使用者提供符合安全技术规范要求的气瓶，对使用者进行气瓶安全使用指导，并按照安全技术规范的要求办理气瓶使用登记，提出气瓶的定期检验要求。

（2）对特种设备使用的有关规定

《特种设备安全监察条例》规定：特种设备使用单位，应当严格执行本条例和有关安全生产的法律、行政法规的规定，保证特种设备的安全使用。特种设备使用单位应当使用符合安全技术规范要求的特种设备。特种设备在投入使用前或者投入使用后30日内，特种设备使用单位应当向直辖市或者设区的市的特种设备安全监督管理部门登记。登记标志应当置于或者附着于该特种设备的显著位置。

特种设备使用单位应当建立特种设备安全技术档案。安全技术档案应当包括以下内容：

1）特种设备的设计文件、制造单位、产品质量合格证明、使用维护说明等文件以及安装技术文件和资料；

2）特种设备的定期检验和定期自行检查的记录；

3）特种设备的日常使用状况记录；

4）特种设备及其安全附件、安全保护装置、测量调控装置及有关附属仪器仪表的日常维护保养记录；

5）特种设备运行故障和事故记录；

6）高耗能特种设备的能效测试报告、能耗状况记录以及节能改造技术资料。

《特种设备安全监察条例》规定：特种设备使用单位应当对在用特种设备进行经常性日常维护保养，并定期自行检查。特种设备使用单位对在用特种设备应当至少每月进行一次自行检查，并作出记录。特种设备使用单位在对在用特种设备进行自行检查和日常维护保养时发现异常情况的，应当及时处理。特种设备使用单位应当对在用特种设备的安全附件、安全保护装置、测量调控装置及有关附属仪器仪表进行定期校验、检修，并作出记录。

特种设备使用单位应当按照安全技术规范的定期检验要求，在安全检验合格有效期届满前 1 个月向特种设备检验检测机构提出定期检验要求。检验检测机构接到定期检验要求后，应当按照安全技术规范的要求及时进行安全性能检验和能效测试。未经定期检验或者检验不合格的特种设备，不得继续使用。

特种设备出现故障或者发生异常情况，使用单位应当对其进行全面检查，消除事故隐患后，方可重新投入使用。特种设备不符合能效指标的，特种设备使用单位应当采取相应措施进行整改。特种设备存在严重事故隐患，无改造、维修价值，或者超过安全技术规范规定使用年限，特种设备使用单位应当及时予以报废，并应当向原登记的特种设备安全监督管理部门办理注销。

《特种设备安全监察条例》规定：电梯的日常维护保养必须由依照本条例取得许可的安装、改造、维修单位或者电梯制造单位进行。电梯应当至少每 15 日进行一次清洁、润滑、调整和检查。电梯的日常维护保养单位应当在维护保养中严格执行国家安全技术规范的要求，保证其维护保养的电梯的安全技术性能，并负责落实现场安全防护措施，保证施工安全。电梯的日常维护保养单位，应当对其维护保养的电梯的安全性能负责。接到故障通知后，应当立即赶赴现场，并采取必要的应急救援措施。

《特种设备安全监察条例》规定：电梯、客运索道、大型游乐设施等为公众提供服务的特种设备运营使用单位，应当设置特种设备安全管理机构或者配备专职的安全管理人员；其他特种设备使用单位，应当根据情况设置特种设备安全管理机构或者配备专职、兼职的安全管理人员。特种设备的安全管理人员应当对特种设备使用状况进行经常性检查，发现问题的应当立即处理；情况紧急时，可以决定停止使用特种设备并及时报告本单位有关负责人。

客运索道、大型游乐设施的运营使用单位在客运索道、大型游乐设施每日投入使用前，应当进行试运行和例行安全检查，并对安全装置进行检查确认。电梯、客运索道、大型游乐设施的运营使用单位应当将电梯、客运索道、大型游乐设施的安全注意事项和警示标志置于易于为乘客注意的显著位置。

《特种设备安全监察条例》规定：锅炉、压力容器、电梯、起重机械、客运索道、大型游乐设施、场（厂）内专用机动车辆的作业人员及其相关管理人员（以下统称特种设备作业人员），应当按照国家有关规定经特种设备安全监督管理部门考核合格，取得国家统一格式的特种作业人员证书，方可从事相应的作业或者管理工作。特种设备使用单位应当对特种设备作业人员进行特种设备安全、节能教育和培训，保证特种设备作业人员具备必要的特种设备安全、节能知识。特种设备作业人员在作业中应当严格执行特种设备的操作规程和有关的安全规章制度。特种设备作业人员在作业过程中发现事故隐患或者其他不安全因素，应当立即向现场安全管理人员和单位有关负责人报告。

（3）对检验检测的有关规定

《特种设备安全监察条例》规定：从事本条例规定的监督检验、定期检验、型式试验以及专门为特种设备生产、使用、检验检测提供无损检测服务的特种设备检验检测机构，应当经国务院特种设备安全监督管理部门核准。特种设备检验检测机构，应当具备下列条件：

1）有与所从事的检验检测工作相适应的检验检测人员；

2）有与所从事的检验检测工作相适应的检验检测仪器和设备；

3）有健全的检验检测管理制度、检验检测责任制度。

从事本条例规定的监督检验、定期检验、型式试验和无损检测的特种设备检验检测人员应当经国务院特种设备安全监督管理部门组织考核合格，取得检验检测人员证书，方可从事检验检测工作。检验检测人员从事检验检测工作，必须在特种设备检验检测机构执业，但不得同时在两个以上检验检测机构中执业。

特种设备检验检测机构和检验检测人员应当客观、公正、及时地出具检验检测结果、鉴定结论。检验检测结果、鉴定结论经检验检测人员签字后，由检验检测机构负责人签署。特种设备检验检测机构和检验检测人员对检验检测结果、鉴定结论负责。

（4）对监督检查的有关规定

《特种设备安全监察条例》规定：特种设备安全监督管理部门依照本条例规定，对特种设备生产、使用单位和检验检测机构实施安全监察。对学校、幼儿园以及车站、客运码头、商场、体育场馆、展览馆、公园等公众聚集场所的特种设备，特种设备安全监督管理部门应当实施重点安全监察。

特种设备安全监督管理部门根据举报或者取得的涉嫌违法证据，对涉嫌违反本条例规定的行为进行查处时，可以行使下列职权：

1）向特种设备生产、使用单位和检验检测机构的法定代表人、主要负责人和其他有关人员调查、了解与涉嫌从事违反本条例的生产、使用、检验检测有关的情况；

2）查阅、复制特种设备生产、使用单位和检验检测机构的有关合同、发票、账簿以及其他有关资料；

3）对有证据表明不符合安全技术规范要求的或者有其

他严重事故隐患、能耗严重超标的特种设备，予以查封或者扣押。

特种设备安全监督管理部门对特种设备生产、使用单位和检验检测机构进行安全监察时，发现有违反本条例规定和安全技术规范要求的行为或者在用的特种设备存在事故隐患、不符合能效指标的，应当以书面形式发出特种设备安全监察指令，责令有关单位及时采取措施，予以改正或者消除事故隐患。紧急情况下需要采取紧急处置措施的，应当随后补发书面通知。

（5）对事故预防和调查处理的有关规定

《特种设备安全监察条例》规定：有下列情形之一的，为特别重大事故：

1）特种设备事故造成 30 人以上死亡，或者 100 人以上重伤（包括急性工业中毒，下同），或者 1 亿元以上直接经济损失的；

2）600 兆瓦以上锅炉爆炸的；

3）压力容器、压力管道有毒介质泄漏，造成 15 万人以上转移的；

4）客运索道、大型游乐设施高空滞留 100 人以上并且时间在 48 小时以上的。

有下列情形之一的，为重大事故：

1）特种设备事故造成 10 人以上 30 人以下死亡，或者 50 人以上 100 人以下重伤，或者 5 000 万元以上 1 亿元以下直接经济损失的；

2）600 兆瓦以上锅炉因安全故障中断运行 240 小时以上的；

3）压力容器、压力管道有毒介质泄漏，造成 5 万人以上 15 万人以下转移的；

4）客运索道、大型游乐设施高空滞留 100 人以上并且时间在 24 小时以上 48 小时以下的。

有下列情形之一的，为较大事故：

1）特种设备事故造成 3 人以上 10 人以下死亡，或者 10 人以上 50 人以下重伤，或者 1 000 万元以上 5 000 万元以下直接经济损失的；

2）锅炉、压力容器、压力管道爆炸的；

3）压力容器、压力管道有毒介质泄漏，造成 1 万人以上 5 万人以下转移的；

4）起重机械整体倾覆的；

5）客运索道、大型游乐设施高空滞留人员 12 小时以上的。

有下列情形之一的，为一般事故：

1）特种设备事故造成 3 人以下死亡，或者 10 人以下重伤，或者 1 万元以上 1 000 万元以下直接经济损失的；

2）压力容器、压力管道有毒介质泄漏，造成 500 人以上 1 万人以下转移的；

3）电梯轿厢滞留人员 2 小时以上的；

4）起重机械主要受力结构件折断或者起升机构坠落的；

5）客运索道高空滞留人员 3. 5 小时以上 12 小时以下的；

6）大型游乐设施高空滞留人员 1 小时以上 12 小时以下的。

除前款规定外，国务院特种设备安全监督管理部门可以对一般事故的其他情形做出补充规定。

特种设备事故发生后，事故发生单位应当立即启动事故应急预案，组织抢救，防止事故扩大，减少人员伤亡和财产损失，并及时向事故发生地县以上特种设备安全监督管理部门和有关部门报告。县以上特种设备安全监督管理部门接到事故报告，应当尽快核实有关情况，立即向所在地人民政府报告，并逐级上报事故情况。必要时，特种设备安全监督管理部门可以越级上报事故情况。对特别重大事故、重大事故，国务院特种设备安全监督管理部门应当立即报告国务院并通报国务院安全生产监督管理部门等有关部门。

（6）对法律责任的有关规定

《特种设备安全监察条例》规定：未经许可，擅自从事锅炉、压力容器、电梯、起重机械、客运索道、大型游乐设施、场（厂）内专用机动车辆的维修或者日常维护保养的，由特种设备安全监督管理部门予以取缔，处 1 万元以上 5 万元以下罚款；有违法所得的，没收违法所得；触犯刑律的，对负有责任的主管人员和其他直接责任人员依照刑法关于非法经营罪、重大责任事故罪或者其他罪的规定，依法追究刑事责任。

《特种设备安全监察条例》规定：电梯、客运索道、大型游乐设施的运营使用单位有下列情形之一的，由特种设备安全监督管理部门责令限期改正；逾期未改正的，责令停止使用或者停产停业整顿，处 1 万元以上 5 万元以下罚款：

1）客运索道、大型游乐设施每日投入使用前，未进行试运行和例行安全检查，并对安全装置进行检查确认的；

2）未将电梯、客运索道、大型游乐设施的安全注意事项和警示标志置于易于为乘客注意的显著位置的。

特种设备使用单位有下列情形之一的，由特种设备安全监督管理部门责令限期改正；逾期未改正的，责令停止使用或者停产停业整顿，处2 000元以上2万元以下罚款：

1）未依照本条例规定设置特种设备安全管理机构或者配备专职、兼职的安全管理人员的；

2）从事特种设备作业的人员，未取得相应特种作业人员证书，上岗作业的；

3）未对特种设备作业人员进行特种设备安全教育和培训的。

《特种设备安全监察条例》规定：发生特种设备事故，有下列情形之一的，对单位，由特种设备安全监督管理部门处5万元以上20万元以下罚款；对主要负责人，由特种设备安全监督管理部门处4 000元以上2万元以下罚款；属于国家工作人员的，依法给予处分；触犯刑律的，依照刑法关于重大责任事故罪或者其他罪的规定，依法追究刑事责任：

1）特种设备使用单位的主要负责人在本单位发生特种设备事故时，不立即组织抢救或者在事故调查处理期间擅离职守或者逃匿的；

2）特种设备使用单位的主要负责人对特种设备事故隐瞒不报、谎报或者拖延不报的。

对事故发生负有责任的单位，由特种设备安全监督管理部门依照下列规定处以罚款：

1）发生一般事故的，处10万元以上20万元以下罚款；

2）发生较大事故的，处20万元以上50万元以下罚款；

3）发生重大事故的，处50万元以上200万元以下罚款。

对事故发生负有责任的单位的主要负责人未依法履行职责，导致事故发生的，由特种设备安全监督管理部门依照下列规定处以罚款；属于国家工作人员的，并依法给予处分；触犯刑律的，依照刑法关于重大责任事故罪或者其他罪的规定，依法追究刑事责任：

1）发生一般事故的，处上一年年收入30%的罚款；

2）发生较大事故的，处上一年年收入40%的罚款；

3）发生重大事故的，处上一年年收入60%的罚款。

《特种设备安全监察条例》规定：特种设备作业人员违反特种设备的操作规程和有关的安全规章制度操作，或者在作业过程中发现事故隐患或者其他不安全因素，未立即向现场安全管理人员和单位有关负责人报告的，由特种设备使用单位给予批评教育、处分；情节严重的，撤销特种设备作业人员资格；触犯刑律的，依照刑法关于重大责任事故罪或者其他罪的规定，依法追究刑事责任。

特种设备生产、使用单位擅自动用、调换、转移、损毁被查封、扣押的特种设备或者其主要部件的，由特种设备安全监督管理部门责令改正，处5万元以上20万元以下罚款；情节严重的，撤销其相应资格。

（7）附则的有关规定

《特种设备安全监察条例》规定：本条例下列用语的含义是：

1）锅炉，是指利用各种燃料、电或者其他能源，将所盛装的液体加热到一定的参数，并对外输出热能的设备，其范围规定为容积大于或者等于30L的承压蒸汽锅炉；出口水压大于或者等于0.1 MPa（表压），且额定功率大于或者等于0.1 MW的承压热水锅炉；有机热载体锅炉。

2）压力容器，是指盛装气体或者液体，承载一定压力的密闭设备，其范围规定为最高工作压力大于或者等于0.1 MPa（表压），且压力与容积的乘积大于或者等于2.5 MPa·L的气体、液化气体和最高工作温度高于或者等于标准沸点的液体的固定式容器和移动式容器；盛装公称工作压力大于或者等于0.2 MPa（表压），且压力与容积的乘积大于或者等于1.0 MPa·L的气体、液化气体和标准沸点等于或者低于60℃液体的气瓶；氧舱等。

3）压力管道，是指利用一定的压力，用于输送气体或者液体的管状设备，其范围规定为最高工作压力大于或者等于0.1 MPa（表压）的气体、液化气体、蒸汽介质或者可燃、易爆、有毒、有腐蚀性、最高工作温度高于或者等于标准沸点的液体介质，且公称直径大于25 mm的管道。

4）电梯，是指动力驱动，利用沿刚性导轨运行的箱体或者沿固定线路运行的梯级（踏步），进行升降或者平行运送人、货物的机电设备，包括载人（货）电梯、自动扶梯、自动人行道等。

5）起重机械，是指用于垂直升降或者垂直升降并水平移动重物的机电设备，其范围规定为额定起重量大于或者等于0.5 t的升降机；额定起重量大于或者等于1 t，且提升高度大于或者等于2 m的起重机和承重形式固定的电动葫芦等。

6）客运索道，是指动力驱动，利用柔性绳索牵引箱体等运载工具运送人员的机电设备，包括客运架空索道、客运缆车、客运拖牵索道等。

7）大型游乐设施，是指用于经营目的，承载乘客游乐的设施，其范围规定为设计最大运行线速度大于或者等于2 m/s，或者运行高度距地面高于或者等于2 m的载人大型游乐设施。

8）场（厂）内专用机动车辆，是指除道路交通、农用车辆以外仅在工厂厂区、旅游景区、游乐场所等特定区域使用的专用机动车辆。

特种设备包括其所用的材料、附属的安全附件、安全保护装置和与安全保护装置相关的设施。

2.《特种设备安全监察条例》解读

2009年1月14日，国务院第46次常务会议通过《国务院关于修改〈特种设备安全监察条例〉的决定》，1月24日，温家宝总理签署公布了此项决定。《特种设备安全监察条例》（以下简称《条例》）根据该决定作出了相应的修订并重新公布。新修改的《条例》于2009年5月1日起施行。

(1)《条例》修订的背景

修改前的《条例》是第一部关于我国特种设备安全监督管理的专门法规。这部条例规定了特种设备设计、制造、安装、改造、维修、使用、检验检测全过程安全监察的基本制度。自2003年6月1日实施开始，《条例》对于加强特种设备的安全管理，防止和减少事故，保障人民群众生命、财产安全发挥了重要作用。

但是，随着我国经济社会的发展，锅炉、电梯、客运索道、大型游乐设施等特种设备数量急速增长，其节能管理和安全管理问题日益突出。经全国人大常委会修订、自2008年4月1日起施行的《中华人民共和国节约能源法》第十六条规定："对高耗能的特种设备，按照国务院的规定实行节能审查和监管。"同时，由于在实践中特种设备事故的预防和调查处理与一般的生产安全事故差异较大，具有很强的专业性，需要对特种设备事故的调查处理主管部门和事故分类标准等作出专门规定。2007 年 6 月 1 日起施行的《生产安全事故报告和调查处理条例》第四十五条规定："特别重大事故以下等级事故的报告和调查处理，有关法律、行政法规或者国务院另有规定的，依照其规定。"

根据特种设备管理的实际情况和上述两部法律、行政法规的要求，有必要对《条例》进行修改，明确特种设备事故调查处理的相关制度，落实并加强特种设备节能减排的措施和相关制度。修订变化的内容包括：一是根据节能减排的要求，增加高耗能特种设备节能管理的规定；二是适应特种设备事故调查的实际需要，增加特种设备事故分级和调查的相关制度；三是按照行政许可便民高效的原则，将国务院特种设备安全监督管理部门行使的部分行政许可权下放给省、自治区、直辖市特种设备安全监督管理部门；四是将场（厂）内专用机动车辆、移动式压力容器充装、特种设备无损检测的安全监察明确纳入条例调整范围，鼓励实行特种设备责任保险；五是进一步完善法律责任，加大对违法行为的处罚力度。

（2）高耗能特种设备节能管理制度

高耗能特种设备节能管理制度是这次条例修改的重要内容。结合我国目前的情况，特种设备节能减排空间巨大，据统计，2007 年全国耗煤 25.8 亿吨，其中锅炉耗煤 22 亿吨，占 85.3%。换热压力容器、电梯等特种设备也具有较大的节能空间。为了满足特种设备节能减排工作的实际需要，根据《中华人民共和国节约能源法》第十六条的规定，《条例》在特种设备设计、制造、使用、检验检测等环节，增加了有关特种设备节能管理的规定。

1）建立制度、完善责任。《条例》规定了特种设备生产、使用单位应当建立健全特种设备安全、节能管理制度和岗位安全、节能责任制度。同时，明确特种设备生产、使用单位的主要负责人应当对本单位特种设备的安全和节能全面负责。

2）加大扶持特种设备节能技术。根据节能减排需要技术和资金支持的特点，《条例》明确提出，国家鼓励特种设备节能技术的研究、开发、示范和推广，促进特种设备节能技术创新和应用，并规定特种设备生产、使用单位和特种设备检验检测机构保证必要的安全和节能投入。

3）强化生产环节能效管理。《条例》从特种设备生产环节强化对特种设备能效的管理，规定特种设备生产单位对其生产的特种设备的安全性能和能效指标负责，不得生产不符合能效指标的特种设备。

4）强化使用环节管理。此次修订还明确了在使用环节严格对特种设备使用单位和作业人员的管理。规定特种设备使用单位应当对特种设备作业人员进行特种设备安全、节能教育和培训，保证特种设备作业人员具备必要的特种设备安全、节能知识。锅炉使用单位应当按照安全技术规范的要求进行锅炉水（介）质处理，并接受特种设备检验检测机构实施的水（介）质处理定期检验。从事锅炉清洗的单位，应当按照安全技术规范的要求进行锅炉清洗，并接受特种设备检验检测机构实施的锅炉清洗过程监督检验。

5）加强对特种设备的检验检测和日常安全监察。《条例》规定特种设备检验检测机构进行特种设备检验检测，发现能耗严重超标的，应当及时告知特种设备使用单位，并立即向特种设备安全监督管理部门报告；特种设备安全监督管理部门发现在用的特种设备不符合能效指标的，应当发出特种设备安全监察指令，责令使用单位及时予以纠正。

(3) 事故分级与调查

特种设备，特别是电梯、大型游乐设施、客运索道、锅炉等广泛使用于公共场所和人员密集地区，一旦发生事故，往往对人民群众的生命健康造成严重危害，并会产生恶劣的社会影响，需要加强预防和及时处理。考虑到特种设备事故预防和调查处理的专业性以及与一般生产安全事故的差异，《条例》总结了实践中的成熟做法，根据《生产安全事故报告和调查处理条例》，增设专章规定特种设备事故的预防和调查处理：

1）事故分级。根据特种设备事故所造成的人员伤亡、直接经济损失、中断运行时间、受事故影响人数等情形，《条例》将特种设备事故分为特别重大事故、重大事故、较大事故和一般事故 4 级。

2）根据特种设备事故的特点，《条例》规定应急预案、应急演练和事故分析及评估制度，规定特种设备使用单位应当制定事故应急专项预案，并定期进行事故应急演练。同时，特种设备安全监督管理部门应当对事故发生的原因进行分析，并根据特种设备的管理和技术特点、事故情况对相关安全技术规范进行评估。需要制定或者修订的，应当及时予以制定或者修订。

3）完善事故报告制度。《条例》规定，县以上特种设备安全监督管理部门接到事故报告，应当尽快核实有关情况，立即向所在地人民政府报告，并逐级上报事故情况，必要时可以越级上报事故情况。

4）明确事故调查主体。《条例》明确了事故调查主体，特别重大事故由国务院或者国务院授权有关部门组织事故调查组进行调查，重大事故由国务院特种设备安全监督管理部门会同有关部门组织事故调查组进行调查，较大事故由省、自治区、直辖市特种设备安全监督管理部门会同有关部门组织事故调查组进行调查，一般事故由设区的市特种设备安全监督管理部门会同有关部门组织事故调查组进行调查。

5）调查报告的批复。《条例》规定事故调查报告应当由负责组织事故调查的特种设备安全监督管理部门的所在地人民政府批复，并报上一级特种设备安全监督管理部门备案。有关机关应当按照批复，依照法律、行政法规规定的权限和程序，对事故责任单位和有关人员进行行政处罚，对负有事故责任的国家工作人员进行处分。

（4）完善法律责任

根据特种设备行政处罚的实施情况，《条例》对有关法律责任作了以下几个方面的完善和修改：

1）强化特种设备行政许可证后监管。主要是针对已经取得许可的单位或者人员的有关违法行为，增加了撤销其相应许可的行政处罚。

2）完善了与特种设备事故相关的法律责任。《条例》加大了对特种设备使用单位或者对事故发生负有责任的单位及其主要负责人的行政处罚。

3）增加行政处罚。针对特种设备生产、使用单位擅自动用、调换、转移、损毁被查封、扣押的特种设备或者其主要部件的违法行为，增加了行政处罚。

4）对使用非承压容器的行政处罚。明确规定对使用未取得生产许可的单位生产的特种设备或者将非承压锅炉、非压力容器作为承压锅炉、压力容器（俗称“土锅炉”“土压力容器”）使用的行为，予以没收使用设备并处罚款的行政处罚。

此外，《条例》还对新增的节能管理、移动式压力容器充装许可、场（厂）内专用机动车辆的安全监察，设定了相应的法律责任。

二　《特种设备事故报告和调查处理规定》相关知识点

《特种设备事故报告和调查处理规定》（国家质量监督检验检疫总局令第 115 号）自 2009 年 7 月 3 日起施行。2001 年 9 月 17 日国家质检总局公布的《锅炉压力容器压力管道特种设备事故处理规定》同时废止。该规定分为七章四十九条，各章内容为：第一章总则，第二章事故定义、分级和界定，第三章事故报告，第四章事故调查，第五章事故处理，第六章法律责任，第七章附则。制定本规定的目的，是根据《特种设备安全监察条例》和《生产安全事故报告和调查处理条例》，规范特种设备事故报告和调查处理工作，及时准确查清事故原因，严格追究事故责任，防止和减少同类事故重复发生。该规定适用于特种设备制造、安装、改造、维修、使用（含移动式压力容器、气瓶充装）、检验检测活动中发生的特种设备事故，其报告、调查和处理工作。

《特种设备事故报告和调查处理规定》规定：国家质量监督检验检疫总局（以下简称国家质检总局）主管全国特种设备事故报告、调查和处理工作，县以上地方质量技术监督部门负责本行政区域内的特种设备事故报告、调查和处理工作。

《特种设备事故报告和调查处理规定》规定：事故报告应当及时、准确、完整，任何单位和个人对事故不得迟报、漏报、谎报或者瞒报。事故调查和处理工作必须坚持实事求是、客观公正、尊重科学的原则，及时、准确地查清事故经过、事故原因和事故损失，查明事故性质，认定事故责任，提出处理和整改措施，并对事故责任单位和责任人员依法追究责任。任何单位和个人不得阻挠和干涉特种设备事故报告、调查和处理工作。

1. 对事故定义、分级和界定的有关规定

《特种设备事故报告和调查处理规定》所称特种设备事故，是指因特种设备的不安全状态或者相关人员的不安全行为，在特种设备制造、安装、改造、维修、使用（含移动式压力容器、气瓶充装）、检验检测活动中造成的人员伤亡、财产损失、特种设备严重损坏或者中断运行、人员滞留、人员转移等突发事件。按照《特种设备安全监察条例》的规定，特种设备事故分为特别重大事故、重大事故、较大事故和一般事故。

2. 对事故报告的有关规定

《特种设备事故报告和调查处理规定》规定：发生特种设备事故后，事故现场有关人员应当立即向事故发生单位负责人报告；事故发生单位的负责人接到报告后，应当于1小时内向事故发生地的县以上质量技术监督部门和有关部门报告。情况紧急时，事故现场有关人员可以直接向事故发生地的县以上质量技术监督部门报告。

报告事故应当包括以下内容：

1）事故发生的时间、地点、单位概况以及特种设备种类；

2）事故发生初步情况，包括事故简要经过、现场破坏情况、已经造成或者可能造成的伤亡和涉险人数、初步估计的直接经济损失、初步确定的事故等级、初步判断的事故原因；

3）已经采取的措施；

4）报告人姓名、联系电话；

5）其他有必要报告的情况。

事故发生单位的负责人接到事故报告后，应当立即启动事故应急预案，采取有效措施，组织抢救，防止事故扩大，减少人员伤亡和财产损失。

质量技术监督部门接到事故报告后，应当按照特种设备事故应急预案的分工，在当地人民政府的领导下积极组织开展事故应急救援工作。

3. 对事故调查的有关规定

《特种设备事故报告和调查处理规定》规定：发生特种设备事故后，事故发生单位及其人员应当妥善保护事故现场以及相关证据，及时收集、整理有关资料，为事故调查做好准备；必要时，应当对设备、场地、资料进行封存，由专人看管。因抢救人员、防止事故扩大以及疏通交通等原因，需要移动事故现场物件的，负责移动的单位或者相关人员应当做出标志，绘制现场简图并做出书面记录，妥善保存现场重要痕迹、物证。有条件的，应当现场制作视听资料。事故调查期间，任何单位和个人不得擅自移动事故相关设备，不得毁灭相关资料、伪造或者故意破坏事故现场。

依照《特种设备安全监察条例》的规定，特种设备事故分别由以下部门组织调查：

1）特别重大事故由国务院或者国务院授权的部门组织事故调查组进行调查；

2）重大事故由国家质检总局会同有关部门组织事故调查组进行调查；

3）较大事故由事故发生地省级质量技术监督部门会同省级有关部门组织事故调查组进行调查；

4）一般事故由事故发生地设区的市级质量技术监督部门会同市级有关部门组织事故调查组进行调查。

根据事故调查处理工作的需要，负责组织事故调查的质量技术监督部门可以依法提请事故发生地人民政府及有关部门派员参加事故调查。负责组织事故调查的质量技术监督部门应当将事故调查组的组成情况及时报告本级人民政府。

事故调查组成员应当具有特种设备事故调查所需要的知识和专长，与事故发生单位及相关人员不存在任何利害关系。事故调查组组长由负责事故调查的质量技术监督部门负责人担任。必要时，事故调查组可以聘请有关专家参与事故调查；所聘请的专家应当具备5年以上特种设备安全监督管理、生产、检验检测或者科研教学工作经验。设区的市级以上质量技术监督部门可以根据事故调查的需要，组建特种设备事故调查专家库。根据事故的具体情况，事故调查组可以内设管理组、技术组、综合组，分别承担管理原因调查、技术原因调查、综合协调等工作。

《特种设备事故报告和调查处理规定》规定：事故调查组有权向有关单位和个人了解与事故有关的情况，并要求其提供相关文件、资料。有关单位和个人不得拒绝，并应当如实提供特种设备及事故相关的情况或者资料，回答事故调查组的询问，对所提供情况的真实性负责。事故发生单位的负责人和有关人员在事故调查期间不得擅离职守，应当随时接受事故调查组的询问，如实提供有关情况或者资料。

事故调查组应当查明引发事故的直接原因和间接原因，并根据对事故发生的影响程度认定事故发生的主要原因和次要原因。事故调查组根据事故的主要原因和次要原因，判定事故性质，认定事故责任。

事故调查组根据当事人行为与特种设备事故之间的因果关系以及在特种设备事故中的影响程度，认定当事人所负的责任。当事人所负的责任分为全部责任、主要责任和次要责任。

当事人伪造或者故意破坏事故现场、毁灭证据、未及时报告事故等，致使事故责任无法认定的，应当承担全部责任。

4. 对事故处理的有关规定

《特种设备事故报告和调查处理规定》规定：依照《特

种设备安全监察条例》的规定，省级质量技术监督部门组织的事故调查，其事故调查报告报省级人民政府批复，并报国家质检总局备案；市级质量技术监督部门组织的事故调查，其事故调查报告报市级人民政府批复，并报省级质量技术监督部门备案。国家质检总局组织的事故调查，事故调查报告的批复按照国务院有关规定执行。

质量技术监督部门及有关部门应当按照批复，依照法律、行政法规规定的权限和程序，对事故责任单位和责任人员实施行政处罚，对负有事故责任的国家工作人员进行处分。

事故发生单位应当落实事故防范和整改措施。防范和整改措施的落实情况应当接受工会和职工的监督。

事故发生地质量技术监督部门应当对事故责任单位落实防范和整改措施的情况进行监督检查。

5. 对法律责任的有关规定

《特种设备事故报告和调查处理规定》规定：发生特种设备事故，有下列行为之一，构成犯罪的，依法追究刑事责任；构成有关法律法规规定的违法行为的，依法予以行政处罚；未构成有关法律法规规定的违法行为的，由质量技术监督部门等处以4 000元以上2万元以下的罚款：

1）伪造或者故意破坏事故现场的；

2）拒绝接受调查或者拒绝提供有关情况或者资料的；

3）阻挠、干涉特种设备事故报告和调查处理工作的。

三　《起重机械安全监察规定》相关知识点

《起重机械安全监察规定》（国家质量监督检验检疫总局令第92号）自2007年6月1日起施行。该规定分为七章四十六条，各章内容为：第一章总则，第二章起重机械制造，第三章起重机械安装改造维修，第四章起重机械使用，第五章监督检查，第六章法律责任，第七章附则。制定本规定的目的，是根据《特种设备安全监察条例》，加强起重机械安全监察工作，防止和减少起重机械事故，保障人身和财产安全。起重机械的制造、安装、改造、维修、使用、检验检测及其监督检查，应当遵守本规定。

国家质量监督检验检疫总局（以下简称国家质检总局）负责全国起重机械安全监察工作，县以上地方质量技术监督部门负责本行政区域内起重机械的安全监察工作。

1. 对起重机械制造的有关规定

《起重机械安全监察规定》规定：制造单位应当依法取得起重机械制造许可，方可从事相应的制造活动。起重机械制造许可实施分级管理，制造单位取得制造许可应当具备相应条件，具体要求按照有关安全技术规范等规定执行。

制造单位应当采用符合安全技术规范要求的起重机械设计文件。按照安全技术规范的要求，应当进行型式试验的起重机械产品、部件或者试制起重机械新产品、新部件，必须进行整机或者部件的型式试验。起重机械制造过程应当按照安全技术规范等规定的范围、项目和要求，由制造所在地的检验检测机构进行监督检验。

《起重机械安全监察规定》规定：制造单位不得将主要受力结构件（主梁、主副吊臂、主支撑腿、标准节，下同）全部委托加工或者购买并用于起重机械制造。主要受力结构件需要部分委托加工或者购买的，制造单位应当委托取得相应起重机械类型和级别资质的制造单位加工或者购买其加工的主要受力结构件并用于起重机械制造。

起重机械出厂时，应当附有设计文件（包括总图、主要受力结构件图、机械传动图和电气、液压系统原理图）、产品质量合格证明、安装及使用维修说明、监督检验证明、有关型式试验合格证明等文件。

2. 对起重机械安装改造维修的有关规定

《起重机械安全监察规定》规定：起重机械安装、改造、维修单位应当依法取得安装、改造、维修许可，方可从事相应的活动。

起重机械安装、改造、维修许可实施分级管理，安装、改造、维修单位取得安装、改造、维修许可应当具备相应条件，具体要求按照有关安全技术规范等规定执行。从事起重机械改造活动，应当具有相应类型和级别的起重机械制造能力。

从事安装、改造、维修的单位应当按照规定向质量技术监督部门告知，告知后方可施工。对流动作业并需要重新安装的起重机械，异地安装时，应当按照规定向施工所在地的质量技术监督部门办理安装告知后方可施工。

施工前告知应当采用书面形式，告知内容包括：单位名称、许可证书号及联系方式，使用单位名称及联系方式，施工项目、拟施工的起重机械、监督检验证书号、型式试验证书号、施工地点、施工方案、施工日期，持证作业人员名单等。

从事安装、改造、重大维修的单位应当在施工前向施工所在地的检验检测机构申请监督检验。检验检测机构应当到施工现场实施监督检验，监督检验按照相应安全技术规范等要求执行。安装、改造、维修单位应当在施工验收后30日内，将安装、改造、维修的技术资料移交使用单位。

3. 对起重机械使用的有关规定

《起重机械安全监察规定》规定：起重机械在投入使用前或者投入使用后30日内，使用单位应当按照规定到登记部门办理使用登记。流动作业的起重机械，使用单位应当到产权单位所在地的登记部门办理使用登记。

起重机械使用单位应当履行下列义务：

1）使用具有相应许可资质的单位制造并经监督检验合格的起重机械；

2）建立健全相应的起重机械使用安全管理制度；

3）设置起重机械安全管理机构或者配备专（兼）职安全管理人员从事起重机械安全管理工作；

4）对起重机械作业人员进行安全技术培训，保证其掌握操作技能和预防事故的知识，增强安全意识；

5）对起重机械的主要受力结构件、安全附件、安全保护装置、运行机构、控制系统等进行日常维护保养，并做出记录；

6）配备符合安全要求的索具、吊具，加强日常安全检查和维护保养，保证索具、吊具安全使用；

7）制定起重机械事故应急救援预案，根据需要建立应急救援队伍，并且定期演练。

使用单位应当建立起重机械安全技术档案。起重机械安全技术档案应当包括以下内容：

1）设计文件、产品质量合格证明、监督检验证明、安装技术文件和资料、使用和维护说明；

2）安全保护装置的型式试验合格证明；

3）定期检验报告和定期自行检查的记录；

4）日常使用状况记录；

5）日常维护保养记录；

6）运行故障和事故记录；

7）使用登记证明。

《起重机械安全监察规定》规定：起重机械定期检验周期最长不超过 2 年，不同类别的起重机械检验周期按照相应安全技术规范执行。使用单位应当在定期检验有效期届满 1 个月前，向检验检测机构提出定期检验申请。流动作业的起重机械异地使用的，使用单位应当按照检验周期等要求向使用所在地检验检测机构申请定期检验，使用单位应当将检验结果报登记部门。

起重机械具有下列情形之一的，使用单位应当及时予以报废并采取解体等销毁措施：

1）存在严重事故隐患，无改造、维修价值的；

2）达到安全技术规范等规定的设计使用年限或者报废条件的。

起重机械出现故障或者发生异常情况，使用单位应当停止使用，对其全面检查，消除故障和事故隐患后，方可重新投入使用。发生起重机械事故，使用单位必须按照有关规定要求，及时向所在地的质量技术监督部门和相关部门报告。

4. 对监督检查的有关规定

《起重机械安全监察规定》规定：质量技术监督部门依照《特种设备安全监察条例》和本规定等有关要求，对起重机械的制造、安装、改造、维修、使用、检验检测实施安全监察。质量技术监督部门的安全监察人员等行政执法人员从事安全监察活动，应当忠于职守、坚持原则、秉公执法、依法执法。

四 《建筑起重机械安全监督管理规定》相关知识点

《建筑起重机械安全监督管理规定》（中华人民共和国建设部令第 166 号）自 2008 年 6 月 1 日起施行。该规定分为三十五条。制定该规定的目的，是依据《建设工程安全生产管理条例》《特种设备安全监察条例》《安全生产许可证条例》，加强建筑起重机械的安全监督管理，防止和减少生产安全事故，保障人民群众生命和财产安全。该规定适用于建筑起重机械的租赁、安装、拆卸、使用及其监督管理。该规定所称建筑起重机械，是指纳入特种设备目录，在房屋建筑工地和市政工程工地安装、拆卸、使用的起重机械。

《建筑起重机械安全监督管理规定》规定：国务院建设主管部门对全国建筑起重机械的租赁、安装、拆卸、使用实施监督管理。县级以上地方人民政府建设主管部门对本行政区域内的建筑起重机械的租赁、安装、拆卸、使用实施监督管理。

《建筑起重机械安全监督管理规定》规定：出租单位出租的建筑起重机械和使用单位购置、租赁、使用的建筑起重机械应当具有特种设备制造许可证、产品合格证、制造监督检验证明。

出租单位在建筑起重机械首次出租前，自购建筑起重机械的使用单位在建筑起重机械首次安装前，应当持建筑起重机械特种设备制造许可证、产品合格证和制造监督检验证明到本单位工商注册所在地县级以上地方人民政府建设主管部门办理备案。

出租单位应当在签订的建筑起重机械租赁合同中，明确租赁双方的安全责任，并出具建筑起重机械特种设备制造许可证、产品合格证、制造监督检验证明、备案证明和自检合格证明，提交安装使用说明书。

有下列情形之一的建筑起重机械，不得出租、使用：

1）属国家明令淘汰或者禁止使用的；

2）超过安全技术标准或者制造厂家规定的使用年限的；

3）经检验达不到安全技术标准规定的；

4）没有完整安全技术档案的；

5）没有齐全有效的安全保护装置的。

出租单位、自购建筑起重机械的使用单位，应当建立建筑起重机械安全技术档案。建筑起重机械安全技术档案应当包括以下资料：

1）购销合同、制造许可证、产品合格证、制造监督检验证明、安装使用说明书、备案证明等原始资料；

2）定期检验报告、定期自行检查记录、定期维护保养记录、维修和技术改造记录、运行故障和生产安全事故记录、累计运转记录等运行资料；

3）历次安装验收资料。

《建筑起重机械安全监督管理规定》规定：从事建筑起重机械安装、拆卸活动的单位（以下简称安装单位）应当依法取得建设主管部门颁发的相应资质和建筑施工企业安全生产许可证，并在其资质许可范围内承揽建筑起重机械安装、拆卸工程。建筑起重机械使用单位和安装单位应当在签订的建筑起重机械安装、拆卸合同中明确双方的安全生产责任。实行施工总承包的，施工总承包单位应当与安装单位签订建筑起重机械安装、拆卸工程安全协议书。

安装单位应当履行下列安全职责：

1）按照安全技术标准及建筑起重机械性能要求，编制建筑起重机械安装、拆卸工程专项施工方案，并由本单位技术负责人签字；

2）按照安全技术标准及安装使用说明书等检查建筑起重机械及现场施工条件；

3）组织安全施工技术交底并签字确认；

4）制定建筑起重机械安装、拆卸工程生产安全事故应急救援预案；

5）将建筑起重机械安装、拆卸工程专项施工方案，安装、拆卸人员名单，安装、拆卸时间等材料报施工总承包单位和监理单位审核后，告知工程所在地县级以上地方人民政府建设主管部门。

安装单位应当按照建筑起重机械安装、拆卸工程专项施工方案及安全操作规程组织安装、拆卸作业。安装单位的专业技术人员、专职安全生产管理人员应当进行现场监督，技术负责人应当定期巡查。

《建筑起重机械安全监督管理规定》规定：建筑起重机械安装完毕后，使用单位应当组织出租、安装、监理等有关单位进行验收，或者委托具有相应资质的检验检测机构进行验收。建筑起重机械经验收合格后方可投入使用，未经验收或者验收不合格的不得使用。实行施工总承包的，由施工总承包单位组织验收。建筑起重机械在验收前应当经有相应资质的检验检测机构监督检验合格。

使用单位应当自建筑起重机械安装验收合格之日起 30 日内，将建筑起重机械安装验收资料、建筑起重机械安全管理制度、特种作业人员名单等，向工程所在地县级以上地方人民政府建设主管部门办理建筑起重机械使用登记。登记标志置于或者附着于该设备的显著位置。

使用单位应当履行下列安全职责：

1）根据不同施工阶段、周围环境以及季节、气候的变化，对建筑起重机械采取相应的安全防护措施；

2）制定建筑起重机械生产安全事故应急救援预案；

3）在建筑起重机械活动范围内设置明显的安全警示标志，对集中作业区做好安全防护；

4）设置相应的设备管理机构或者配备专职的设备管理人员；

5）指定专职设备管理人员、专职安全生产管理人员进行现场监督检查；

6）建筑起重机械出现故障或者发生异常情况的，立即停止使用，消除故障和事故隐患后，方可重新投入使用。

使用单位应当对在用的建筑起重机械及其安全保护装置、吊具、索具等进行经常性和定期的检查、维护和保养，并做好记录。使用单位在建筑起重机械租期结束后，应当将定期检查、维护和保养记录移交出租单位。

《建筑起重机械安全监督管理规定》规定：施工总承包单位应当履行下列安全职责：

1）向安装单位提供拟安装设备位置的基础施工资料，确保建筑起重机械进场安装、拆卸所需的施工条件；

2）审核建筑起重机械的特种设备制造许可证、产品合格证、制造监督检验证明、备案证明等文件；

3）审核安装单位、使用单位的资质证书、安全生产许可证和特种作业人员的特种作业操作资格证书；

4）审核安装单位制定的建筑起重机械安装、拆卸工程专项施工方案和生产安全事故应急救援预案；

5）审核使用单位制定的建筑起重机械生产安全事故应急救援预案；

6）指定专职安全生产管理人员监督检查建筑起重机械安装、拆卸、使用情况；

7）施工现场有多台塔式起重机作业时，应当组织制定并实施防止塔式起重机相互碰撞的安全措施。

监理单位应当履行下列安全职责：

1）审核建筑起重机械特种设备制造许可证、产品合格证、制造监督检验证明、备案证明等文件；

2）审核建筑起重机械安装单位、使用单位的资质证书、安全生产许可证和特种作业人员的特种作业操作资格证书；

3）审核建筑起重机械安装、拆卸工程专项施工方案；

4）监督安装单位执行建筑起重机械安装、拆卸工程专项施工方案情况；

5）监督检查建筑起重机械的使用情况；

6）发现存在生产安全事故隐患的，应当要求安装单位、使用单位限期整改，对安装单位、使用单位拒不整改的，及时向建设单位报告。

《建筑起重机械安全监督管理规定》规定：建筑起重机械特种作业人员应当遵守建筑起重机械安全操作规程和安全管理制度，在作业中有权拒绝违章指挥和强令冒险作业，有权在发生危及人身安全的紧急情况时立即停止作业或者采取必要的应急措施后撤离危险区域。

建筑起重机械安装拆卸工、起重信号工、起重司机、司索工等特种作业人员应当经建设主管部门考核合格，并取得特种作业操作资格证书后，方可上岗作业。

第四部分

事故隐患排查新知识

一 《安全生产事故隐患排查治理暂行规定》相关知识点

《安全生产事故隐患排查治理暂行规定》（国家安全生产监督管理总局令第 16 号）自 2008 年 2 月 1 日起施行。该规定分为五章三十二条，各章内容为：第一章总则，第二章生产经营单位的职责，第三章监督管理，第四章罚则，第五章附则。制定该规定的目的，是根据安全生产法等法律、行政法规，建立安全生产事故隐患排查治理长效机制，强化安全生产主体责任，加强事故隐患监督管理，防止和减少事故，保障人民群众生命财产安全。该规定适用于生产经营单位安全生产事故隐患排查治理和安全生产监督管理部门、煤矿安全监察机构（以下统称安全监管监察部门）实施监管监察。

《安全生产事故隐患排查治理暂行规定》所称安全生产事故隐患（以下简称事故隐患），是指生产经营单位违反安全生产法律、法规、规章、标准、规程和安全生产管理制度的规定，或者因其他因素在生产经营活动中存在可能导致事故发生的物的危险状态、人的不安全行为和管理上的缺陷。

事故隐患分为一般事故隐患和重大事故隐患。一般事故隐患，是指危害和整改难度较小，发现后能够立即整改排除的隐患。重大事故隐患，是指危害和整改难度较大，应当全部或者局部停产停业，并经过一定时间整改治理方能排除的隐患，或者因外部因素影响致使生产经营单位自身难以排除的隐患。

《安全生产事故隐患排查治理暂行规定》规定：生产经营单位应当建立健全事故隐患排查治理制度。生产经营单位主要负责人对本单位事故隐患排查治理工作全面负责。任何单位和个人发现事故隐患，均有权向安全监管监察部门和有关部门报告。安全监管监察部门接到事故隐患报告后，应当按照职责分工立即组织核实并予以查处；发现所报告事故隐患应当由其他有关部门处理的，应当立即移送有关部门并记录备查。

1. 对生产经营单位职责的有关规定

《安全生产事故隐患排查治理暂行规定》规定：生产经营单位应当依照法律、法规、规章、标准和规程的要求从事生产经营活动。严禁非法从事生产经营活动。

生产经营单位是事故隐患排查、治理和防控的责任主体。生产经营单位应当建立健全事故隐患排查治理和建档监控等制度，逐级建立并落实从主要负责人到每个从业人员的隐患排查治理和监控责任制。生产经营单位应当保证事故隐患排查治理所需的资金，建立资金使用专项制度。

生产经营单位应当定期组织安全生产管理人员、工程技术人员和其他相关人员排查本单位的事故隐患。对排查出的事故隐患，应当按照事故隐患的等级进行登记，建立事故隐患信息档案，并按照职责分工实施监控治理。

生产经营单位应当建立事故隐患报告和举报奖励制度，鼓励、发动职工发现和排除事故隐患，鼓励社会公众举报。对发现、排除和举报事故隐患的有功人员，应当给予物质奖励和表彰。

生产经营单位将生产经营项目、场所、设备发包、出租的，应当与承包、承租单位签订安全生产管理协议，并在协议中明确各方对事故隐患排查、治理和防控的管理职责。生产经营单位对承包、承租单位的事故隐患排查治理负有统一协调和监督管理的职责。

《安全生产事故隐患排查治理暂行规定》规定：重大事故隐患报告内容应当包括：

1）隐患的现状及其产生原因；

2）隐患的危害程度和整改难易程度分析；

3）隐患的治理方案。

对于一般事故隐患，由生产经营单位（车间、分厂、区队等）负责人或者有关人员立即组织整改。对于重大事故隐患，由生产经营单位主要负责人组织制定并实施事故隐患治理方案。

重大事故隐患治理方案应当包括以下内容：

1）治理的目标和任务；

2）采取的方法和措施；

3）经费和物资的落实；

4）负责治理的机构和人员；

5）治理的时限和要求；

6）安全措施和应急预案。

《安全生产事故隐患排查治理暂行规定》规定：生产经营单位在事故隐患治理过程中，应当采取相应的安全防范措施，防止事故发生。事故隐患排除前或者排除过程中无法保证安全的，应当从危险区域内撤出作业人员，并疏散可能危及的其他人员，设置警戒标志，暂时停产停业或者停止使用；对暂时难以停产或者停止使用的相关生产储存装置、设施、设备，应当加强维护和保养，防止事故发生。

生产经营单位应当加强对自然灾害的预防。对于因自然灾害可能导致事故灾难的隐患，应当按照有关法律、法规、标准和本规定的要求排查治理，采取可靠的预防措施，制定应急预案。在接到有关自然灾害预报时，应当及时向下属单位发出预警通知；发生自然灾害可能危及生产经营单位和人员安全的情况时，应当采取撤离人员、停止作业、加强监测等安全措施，并及时向当地人民政府及其有关部门报告。

2. 对监督管理的有关规定

《安全生产事故隐患排查治理暂行规定》规定：安全监管监察部门应当指导、监督生产经营单位按照有关法律、法规、规章、标准和规程的要求，建立健全事故隐患排查治理等各项制度。

安全监管监察部门应当建立事故隐患排查治理监督检查制度，定期组织对生产经营单位事故隐患排查治理情况开展监督检查；应当加强对重点单位的事故隐患排查治理情况的监督检查。对检查过程中发现的重大事故隐患，应当下达整改指令书，并建立信息管理台账。必要时，报告同级人民政府并对重大事故隐患实行挂牌督办。

安全监管监察部门应当配合有关部门做好对生产经营单位事故隐患排查治理情况开展的监督检查，依法查处事故隐患排查治理的非法和违法行为及其责任者。

安全监管监察部门发现属于其他有关部门职责范围内的重大事故隐患的，应该及时将有关资料移送有管辖权的有关部门，并记录备查。

3．对罚则的有关规定

《安全生产事故隐患排查治理暂行规定》规定：生产经营单位及其主要负责人未履行事故隐患排查治理职责，导致发生生产安全事故的，依法给予行政处罚。

生产经营单位违反本规定，有下列行为之一的，由安全监管监察部门给予警告，并处三万元以下的罚款：

1）未建立安全生产事故隐患排查治理等各项制度的；

2）未按规定上报事故隐患排查治理统计分析表的；

3）未制定事故隐患治理方案的；

4）重大事故隐患不报或者未及时报告的；

5）未对事故隐患进行排查治理擅自生产经营的；

6）整改不合格或者未经安全监管监察部门审查同意擅自恢复生产经营的。

生产经营单位事故隐患排查治理过程中违反有关安全生产法律、法规、规章、标准和规程规定的，依法给予行政处罚。

安全监管监察部门的工作人员未依法履行职责的，按照有关规定处理。

二 《金属和非金属矿山、尾矿库、冶金有色、石油天然气开采、危险化学品、烟花爆竹、机械制造等行业（领域）企业 2008 年安全生产隐患排查治理工作实施意见》相关知识点

2008 年 2 月 18 日，国家安全监管总局印发《关于印发金属和非金属矿山、尾矿库、冶金有色、石油天然气开采、危险化学品、烟花爆竹、机械制造等行业（领域）企业 2008 年安全生产隐患排查治理工作实施意见的通知》（安监总协调［2008］35 号）。通知要求，在上年开展隐患排查治理专项行动的基础上，继续深入开展隐患排查治理，按照“排查要认真、整治要坚决、成果要巩固、杜绝新隐患”的总体要求，切实加强对安全生产隐患排查治理工作的组织领导。

金属和非金属矿山、尾矿库、冶金有色、石油天然气开采、危险化学品、烟花爆竹、机械制造等行业（领域）企业 2008 年安全生产隐患排查治理工作实施意见的主要内容如下：

1. 金属和非金属矿山企业

排查治理的主要内容：

（1）建立健全和落实安全生产责任制、规章制度、操作规程的情况，进行安全教育培训和人员持证上岗的情况，执行建设项目安全“三同时”制度的情况，制定应急救援预案和进行演练等情况。

（2）是否按照开采设计方案组织生产、开采现状与设

计技术资料和图纸是否相符。

（3）按照《爆破安全规程》要求实施爆破作业的情况，是否符合爆破安全距离、落实了爆破作业设计和作业规程、制定了防止危及人身安全和中毒窒息事故预防措施和落实了爆炸物品的储存、购买、运输、使用及清退登记制度；爆破作业人员是否持证上岗等。

（4）地下矿山是否设置了至少有两个独立的、直达地面的、能行人的安全出口，各生产水平（中段）和采区（盘区）是否设置了至少有两个能行人的安全出口。

（5）地下矿山采矿作业掘进、回采、运输、提升、通风防尘、防排水、顶板管理、地压监控、供电、爆破、职业危害等关键环节的安全状况。

（6）地下矿山建立机械通风系统及通风管理制度的情况；风质、风量、风速是否满足安全生产需要和规程要求。

（7）地下矿山制订和落实采空区管理制度及采空区处理方案的情况。

（8）地下矿山制定和落实顶板管理制度、对顶板不稳固的采场监控手段和处理措施的制定及落实情况。

（9）地下矿山落实防范水害制度情况，是否查清了采空区及废弃井积水；地表移动带、陷落带范围内重大水体及导水构造的状况是否清楚；制订和落实防洪、防透水及排水措施及应急预案的情况。

（10）露天矿山是否按设计方案自上而下分台阶开采，台阶高度、边坡角度是否符合《金属非金属矿山安全规程》或《小型露天采石场安全生产暂行规定》要求。

（11）露天矿山采场工作帮是否按规定定期检查，露天边坡稳定性是否进行定期监测。

（12）排土场设计明确排土场、排土工艺、排土顺序、排土场的阶段高度、总堆置高度、安全平台宽度、总边坡角、废石滚落可能的最大距离等的情况；是否按照设计要求进行排土作业。

（13）深凹露天采场配备专用防洪设施的情况；排土场截洪、防洪和排水设施及防止泥石流措施是否落实。

（14）对存在超层越界、乱采滥挖等违法违规行为的打击取缔情况。

2. 尾矿库

排查治理的主要内容：

（1）按照设计要求组织生产运行情况，是否按规定编制年度尾矿排放作业计划；对存在危害尾矿库安全的违规设计、超量储存、超能力生产等隐患的整改情况。

（2）最小安全超高、最小干滩长度、排洪设施，尾矿坝浸润线埋深、坝体外坡坡比、排渗设施等是否满足设计与《尾矿库安全技术规程》要求；滩顶高程是否满足生产、防汛、冬季冰下放矿和回水要求；四等以上尾矿坝是否设置了坝体位移和坝体浸润线观测设施。

（3）已投入生产运营但无正规设计或者资料不全的尾矿库，在规定的期限内完成补充设计或补齐必要资料的整改情况。

（4）从事尾矿库放矿、筑坝、排洪和排渗设施操作的特种作业人员安全教育培训和持证上岗情况。

（5）防洪渡汛主要措施、应急预案、物资器材准备等情况；对尾矿坝实施有效监控的情况；对尾矿坝下游居民区或重要设施实施有效监控的情况。

（6）在用尾矿库回采再利用和闭库后再利用的尾矿库，未履行建设项目“三同时”制度的整改情况。

（7）库区内存在从事爆破或采砂等危害尾矿库安全的隐患整改情况。

（8）未履行安全评价、安全设施设计审查及竣工验收制度的整改情况。

（9）安全生产责任制、安全生产规章制度、操作规程的建立和落实等情况。

（10）事故处理和责任追究情况，防垮坝、防漫顶、防自然灾害等事故情况，重大险情应急救援预案制定、应急物资储备和演练情况。

3. 冶金有色企业

排查治理的主要内容：

（1）新建、改建、扩建项口的设计单位是否有设计资质，项目是否履行立项申请、审查、审批和严格执行建设项目安全设施“三同时”制度，是否存在私自变更设计、擅自改变工艺布局和增减设备的情况。

（2）建设项目的生产工艺、设备选型、水、油、汽等系统配置是否进行了安全风险辨识，是否落实了控制重大危险源的工程技术方案和措施。

（3）冶炼、铸造等生产环节冷却水是否及时排放，起重和吊运铁水、钢水、铜水、铝水等液态金属专用设备的设计单位资质、选型配套、制造企业资质、安装、运行和安全管理，是否达到安全规程要求。

（4）冶炼、铸造生产过程中，熔融金属和高温物质与水、油、汽等物质的隔离防爆措施是否落实到位，设备设施有缺陷的是否整改消除。

（5）高炉风口平台、炉身、炉顶等区域煤气泄漏、冷却壁损坏、炉皮开裂、炉顶设备装料系统、制粉喷煤系统及热风炉等重大危险部位和区域，是否处于受控安全状态。

（6）转炉、精炼炉、均热炉的炉体冷却、倾翻、烟气回收等工艺环节是否处于受控安全状态，是否严格执行煤气生产、储存、输送、使用环节防止泄漏、中毒窒息、爆炸的安全管理制度，煤气柜、管线监控和防护设施的配置和运行是否符合相关安全规程要求。

（7）冶金有色金属冶炼过程中涉及氧气、氢气、二氧化硫、氮气、氯气、氨气等气体的生产、储存、输送、使用，预防泄漏、中毒、窒息、爆炸等防范制度的执行情况，各种监控和防护设施的配置和运行是否符合相关安全规程的要求。

（8）冶金、有色金属生产过程中涉及高温、高压、强碱、强酸使用环节，预防爆炸、烧烫伤、中毒、外泄等防范制度的执行情况，各种监控和防护设施的配置和运行是否符合相关安全规程的要求。

（9）作业现场设置防范各类机械伤害事故安全防护设施、安全警示标志、监控报警、联锁和自动保护装置的情况。

4．石油天然气开采企业

排查治理的主要内容：

（1）防井喷失控。井场安全距离，井控设计，防喷器、节流压井管汇的配套和使用，起、下钻操作，压井材料储备，钻开油气层前的检查验收，油气层钻井过程中的井控措施，井涌、溢流的处理等，是否符合相关规程、标准要求。

（2）防硫化氢中毒。含硫油气井的地质及钻井工程设计，井场及钻井设备的布置，井控装置、井下工具的选材，硫化氢探测、报警和人员防护设备的配套，点火程序的制定和点火器材的配备等，是否符合相关规程、标准要求。

（3）重大基础设施的防火、防爆。石油天然气长输管道、油气处理站场、天然气净化厂、油库群和地下储气库等重大基础设施防火间距的设计，泄压放空设施、消防设施、防爆工具的配备，泄漏监测系统和防雷防静电装置的配套，超期服役设备的更换，以及管道占压等方面，是否符合有关法规和规程、标准的要求。

（4）海洋石油生产作业设施。设施的设计、施工和试生产过程发证检验制度的执行，专业设备的检测检验，劳动组织的定员，外来人员的登记和监控，消防、救生和逃生的定期演练，防台风、防风暴潮应急救援预案的编制和落实，以及人工岛、通井路高程的设计等方面，是否符合相关安全规程、标准要求。

（5）放射源和民用爆炸物品。放射源的储存、领取、使用和废物处置，民用爆炸物品的购买、运输、使用和销毁等环节，是否符合相关法规、标准要求。

（6）直接作业环节安全防范。动火作业、起重作业、高处作业、舷外作业、临时用电、受限空间作业和平台起浮拖航作业等直接作业环节的作业许可、安全防范和现场监控的情况。

(7) 安全基础管理。安全生产责任制、安全生产规章制度的建立，安全教育培训和人员持证上岗，健康、安全、环境（HSE）管理体系的实施和审核，建设项目“三同时”制度的执行，事故处理和责任追究，防井喷、防硫化氢中毒应急预案制定、应急物资储备和演练等方面，是否达到要求。

5. 危险化学品企业

(1) 排查治理的范围和企业单位

包括生产、使用、储存、运输、经营和处置废弃危险化学品的企业和单位；危险化学品生产建设项目，使用危险化学品的化工和医药建设项目，危险化学品储存建设项目。

1) 危险化学品生产企业和使用危险化学品的化工和医药生产企业：涉氯、合成氨、电石、剧毒、涉及有毒气体和易燃易爆化学品的企业；使用危险工艺的企业；小化工（100人以下）企业；近3年发生较大以上事故和2007年发生死亡事故的企业。

2) 其他使用危险化学品的生产经营企业：使用氯、氨、剧毒和易燃易爆等危险化学品的企业。

3) 专门储存危险化学品的企业和单位：储存的危险化学品构成重大危险源的企业和单位。

4) 危险化学品道路运输企业和单位：承运液氯、液氨、液化石油气、液化天然气、剧毒溶剂和强腐蚀性化学品等重点品种的运输企业和单位。

5) 经营危险化学品的企业和单位：经营剧毒化学品的企业和单位，交通运输工具用加油（气）站。

6) 处置废弃危险化学品的企业和单位：处置易燃易

及有害因素、工艺技术指标、操作规程、设备仪表的使用、应急处置方法的情况；严格执行企业巡回检查制度的情况。

⑧新建危险化学品生产、储存建设项目和使用危险化学品生产的化工和医药生产建设项目的立项审批、安全设施设计审查情况；设计和施工单位的资质情况；安全设施竣工验收情况；正在试车投料和试生产项目试车方案备案、安全措施制订和落实情况；试车和投料过程是否严格按照设备管道试压、吹扫、气密、单机试车、仪表调校、联动试车、化工投料试生产的程序进行；化工园区安全生产管理责任制和安全基础设施建设的落实情况，特别是要排查新建项目使用的工艺是否安全，自动化控制水平是否能满足安全生产的需要。

⑨废旧化工装置拆除安全管理制度的建立和执行情况，拆除施工单位资质是否符合要求。

2）其他使用氯、氨、剧毒和易燃易爆等危险化学品的生产经营企业

①使用液氯、液氨、剧毒化学品的自来水厂、造纸企业、大型冷冻库房、电镀和电子企业、游泳场馆等使用危险化学品的企业和单位，建立和执行危险化学品使用安全管理制度的情况。

②使用易燃易爆危险化学品的企业和单位防火、防爆、防泄漏安全管理制度建立和执行的情况。

③危险化学品气瓶定期检查、检验制度的建立和执行情况；气瓶连接软管定期检查、试验制度的建立和执行情况。

④使用氯、氨、剧毒和易燃易爆化学品等危险化学品的生产经营企业应急预案的编制和定期演练情况；应急器材的

准备情况。

3）危险化学品储存企业和单位。危险化学品储存设施的安全防护距离、安全设施、消防设施、应急预案和应急器材是否符合要求；是否建立了储罐罐体定期检查制度并严格执行；操作规程的建立和执行情况；储罐是否装备高、低液位和超温超压报警，仪表、安全附件是否齐全有效；防超压、防泄漏、防雷、防汛、防倒塌安全管理制度和措施是否落实。

4）危险化学品道路运输企业和单位

①危险化学品道路运输企业是否取得运输资质，驾驶人员和押运人员是否取得上岗资格证；运输车辆、罐车罐体和配载容器是否取得检测检验合格证明，车辆三级维护制度和定期检验制度执行的情况。

②运输车辆配备应急处置器材和防护用品情况，安装的安全监控车载终端、标志灯、标志牌是否符合要求，是否存在超载现象。

③承运的剧毒化学品是否通过随车携带化学品安全技术说明书或包装物加贴安全标签等方法载明化学品的品名、种类、施救方法等内容；是否随车携带剧毒化学品公路运输通行证，是否按照指定的路线、时间和速度行驶。

5）经营危险化学品的企业和单位

①销售危险化学品的企业是否存在超许可经营范围现象，是否严格执行“一书一签”（化学品安全技术说明书、化学品安全标签制度）。

②销售剧毒化学品的企业是否查验、登记剧毒化学品购买凭证、准购证、剧毒化学品公路运输通行证、运输车辆安

装的安全标示牌。

③加油（气）站的设计、设施和周边安全距离是否符合规范要求；人员是否经过培训并考核合格后上岗；卸油、加油、检修等重要环节是否建立了严格的安全管理制度并认真执行；是否编制了科学的应急预案并定期演练，是否配备了必要的应急器材。

④销售氯酸钾的企业和单位是否建立并严格执行了流向登记制度。

⑤危险化学品充装单位特别是液氯、液氨、液化石油气和液化天然气充装单位岗位安全操作规程的建立和执行情况；充装车辆资质、安全状况查验制度的建立和执行情况；严禁超量装载规定执行情况；操作人员取得上岗证的情况。

⑥危险化学品充装单位充装设备管道静电接地、装卸软管每半年进行压力试验情况以及充装设备的仪表和安全附件是否齐全有效；液化气体充装站是否采取防超装措施；有毒有害危险化学品充装站配备有毒介质洗消装置的情况；防毒面具、空气呼吸器和防化服的配备和使用情况。

⑦危险化学品充装单位证明资料不齐全、检验检查不合格、罐体内残留介质不详和存在其他可疑情况的罐存禁止充装危险化学品规定的落实情况。是否向驾驶员和押运员说明充装的危险化学品品名、数量、危害、应急措施、生产企业的联系方式等内容，是否向押运员提供所押运的危险化学品信息联络卡。

6）处置废弃危险化学品的企业和单位

①处置废弃危险化学品装置、作业场所和储存设施安全生产状况。

②处置废弃危险化学品装置正常开、停车和紧急停车安全规程的建立与执行情况；开车前和停车后确认制度的建立与执行情况。

③在检修、维修作业中，动火作业、进入受限空间作业、破土作业、起重作业、高处作业、临时用电等特种作业安全管理制度执行情况。

④废弃危险化学品储存设施的安全防护距离、安全设施、消防设施、应急预案和应急器材是否符合要求；储罐区是否建立了罐体定期检查制度、操作规程并严格执行；储罐是否装备高、低液位和超温超压报警，是否存在超储现象；仪表、安全附件是否齐全有效；防超压、防泄漏、防雷、防汛、防倒塌、防台风的安全管理制度和措施是否落实。

6. 烟花爆竹企业

排查治理的主要内容：

（1）烟花爆竹生产企业

1）生产工艺布局是否合理，危险工序交叉、危险和非危险生产区不分的问题是否已整改完毕。

2）工厂围墙、危险工（库）房安全防护屏障是否符合国家标准要求，药物粉尘大的制（混）药、装药等工房的排水沟和沉淀池是否符合国家标准要求，散落在操作台和地面的药物粉尘是否及时冲洗清理，防雷、防火、防静电设施是否符合标准要求并按照规定进行定期检测。

3）超定员、超药量、超范围和改变工房用途（“三超一改”）的现象是否已彻底整改。

4）是否违规使用氯酸钾等禁用、限用药物生产烟花爆竹产品。

5）高感度工房室温超过32℃、一般工房室温超过35℃、大雷暴雨天气时，是否按规定落实了停产制度。

6）“一证多厂”或“分包”生产的问题是否已得到整改。

7）是否建立了烟花爆竹产品及药料流向登记制度和氯酸钾购买、使用登记制度并认真执行。

8）按照《烟花爆竹工厂设计安全规范》（GB 50161）和《烟花爆竹劳动安全技术规程》（GB 11652）等有关标准的要求，重新核定工房危险等级、定员和定量；按照《烟花爆竹生产经营企业安全生产标准化规范》的要求，严格控制C级工房的作业人数（28人以下）。

（2）烟花爆竹批发经营企业和常年经销的零售网点

1）储存仓库内外部安全距离、围墙、疏散条件、库房布局、建筑结构、防雷、防静电、消防等安全设施保持和维护状况是否符合有关标准的要求，A级库房安全防护屏障是否符合标准要求。

2）仓库是否存在超量存储，将A级产品储存在C级库房内，将收缴的非法产品、假冒伪劣产品与合格产品同库存放，在库房内进行开箱、配货作业等现象。

3）库房安全管理、保卫和值班制度是否健全和落实，是否建立和执行购进烟花爆竹产品质量验收和流向登记制度，是否存在采购和销售合氯酸钾、假冒伪劣或非法生产的烟花爆竹产品等问题。

4）城区烟花爆竹零售点是否存在过多、安全距离不足和超量储存等现象，农村集贸市场、城乡结合部的烟花爆竹零售点是否存在连片经营和超量储存等现象。

（3）打击非法生产、经营烟花爆竹工作

地方各级政府打击非法生产经营烟花爆竹行为（以下简称“打非”）的责任是否落实，是否明确了“打非”的牵头部门，是否建立了有效的收集非法生产信息系统，是否建立并落实了定期排查和定期例会制度，是否及时组织了“打非”活动，当地非法生产经营烟花爆竹现象是否得到了有效遏制。

7. 机械制造企业

排查治理的主要内容：

（1）建立健全和落实安全生产责任制、规章制度、操作规程情况，进行安全教育培训和人员持证上岗情况，执行建设项目安全“三同时”制度情况，制定应急救援预案和进行演练情况。

（2）储存、使用危险化学品是否按规定取得安全许可并建立严格的安全管理制度。

（3）锅炉、起重机械、工业管道、厂内机动车辆等危险性较大的特种设备是否按规定进行检验检测并建立严格的管理制度。

（4）工业梯台的宽度、角度、梯级间隔，护笼设置，护栏高度等是否符合要求；结构件是否有松脱、裂纹、扭曲、腐蚀、凹陷或凸出等严重变形；梯脚防滑措施、轮子的限位和防移动装置是否完好。

（5）锻造机械中锤头、操纵机构、夹钳、剁刀是否有裂纹，缓冲装置是否灵敏可靠。铸造机械是否有足够的强度、刚度及稳定性，管路是否密封良好，控制系统是否灵敏，有无急停开关；防尘、防毒设施是否完好。两类机械的安全装置和防护装置是否齐全可靠。

(6) 运输（输送）机械传动部位安全防护装置是否齐全可靠，是否设置急停开关，启动和停止装置标记是否明显，接地线是否符合要求。

(7) 金属切削机床的防护罩、盖、栏，防止夹具、卡具松动或脱落的装置，各种限位、联锁、操作手柄是否完好有效；机床电器箱、柜与线路是否符合要求；未加罩旋转部位的锲、销、键是否有凸出；磨床旋转时是否有明显跳动；车床加工超长料时是否有防弯装置；插床是否设置防止运动停止后滑枕自动下落的配重装置；锯床的锯条外露部分是否有防护罩和安全距离隔离。

(8) 冲、剪、压机械的离合器、制动器、紧急停止按钮是否可靠、灵敏，传动外露部分安全防护装置是否齐全可靠，防伤手安全装置是否可靠有效，专用工具是否符合安全要求。

(9) 木工机械的限位及联锁装置、旋转部位的防护装置、夹紧或锁紧装置是否灵敏、完好可靠；跑车带锯机是否设置有效的护栏；锯条、锯片、砂轮是否符合规定，安全防护装置是否齐全有效。

(10) 装配线的输送机械防护罩（网）是否完好，有无变形和破损；翻转机械的锁紧限位装置是否牢固可靠；吊具、风动工具、电动工具是否符合相关要求；运转小车是否定位准确、夹紧牢固、料架（箱、斗）结构合理，放置平稳；过桥的扶手是否稳固，踏脚高度是否合理，平台防滑是否可靠；地沟入口盖板是否完好无变形，沟内清洁有无积水、积油和障碍物。

（11）砂轮机的砂轮是否有裂纹和破损，托架安装是否牢固可靠，砂轮机的防护罩是否符合要求；砂轮机运行是否平稳可靠、砂轮磨损量是否超标。

（12）电焊机的电源线、焊接电缆与焊接机连接处是否有可靠屏护，保护接地线是否接线正确，连接可靠。

（13）注塑机的防护罩、盖、栏是否牢固且与电气联锁，液压管路连接是否可靠，油箱及管路有无漏油，控制系统开关是否齐全完好。

（14）手持电动工具是否按规定配备漏电保护装置，绝缘电阻、电源线护管及长度是否符合要求，防护罩、手柄是否完好，保护接地线是否连接可靠。风动工具的防松脱锁卡防护罩是否完好，气阀、开关是否完好不漏气，气路密封有无泄漏，气管有无老化、腐蚀。

（15）移动电器绝缘电阻、电源线是否符合要求，防护罩、遮拦、屏护、盖是否完好无松动，开关是否灵敏可靠且与荷载相配备。

（16）各种电气线路的绝缘、屏护良好、导电性能和机械强度符合要求，保护装置齐全可靠，护套软管绝缘良好并与负荷配备，敷设符合要求。

（17）涂装作业场所电气设备防爆、通风、涂料存量、消防设施隔离措施是否符合要求。

（18）作业场所的器具、物料是否摆放整齐，车间车行道和人行道是否符合要求，地面平整整洁有无障碍物，坑、壕、池应设置盖板或护栏；采光照明是否符合要求；消防设施是否符合要求。

第五部分

应急救援新知识

一 《生产安全事故应急预案管理办法》相关知识点

《生产安全事故应急预案管理办法》（国家安全生产监督管理总局令第 17 号）自 2009 年 5 月 1 日起施行。该办法分为七章三十九条，各章内容为：第一章总则，第二章应急预案的编制，第三章应急预案的评审，第四章应急预案的备案，第五章应急预案的实施，第六章奖励与处罚，第七章附则。制定该办法的目的，是依据《中华人民共和国突发事件应对法》《中华人民共和国安全生产法》和国务院有关规定，规范生产安全事故应急预案的管理，完善应急预案体系，增强应急预案的科学性、针对性、实效性。该办法适用于生产安全事故应急预案（以下简称应急预案）的编制、评审、发布、备案、培训、演练和修订等工作。

《生产安全事故应急预案管理办法》规定：国家安全生产监督管理总局负责应急预案的综合协调管理工作。国务院其他负有安全生产监督管理职责的部门按照各自的职责负责本行业、本领域内应急预案的管理工作。县级以上地方各级人民政府安全生产监督管理部门负责本行政区域内应急预案的综合协调管理工作。县级以上地方各级人民政府其他负有安全生产监督管理职责的部门按照各自的职责负责辖区内本行业、本领域应急预案的管理工作。

1. 对应急预案编制的有关规定

《生产安全事故应急预案管理办法》规定：应急预案的编制应当符合下列基本要求：

1）符合有关法律、法规、规章和标准的规定；

2）结合本地区、本部门、本单位的安全生产实际情况；

3）结合本地区、本部门、本单位的危险性分析情况；

4）应急组织和人员的职责分工明确，并有具体的落实措施；

5）有明确、具体的事故预防措施和应急程序，并与其应急能力相适应；

6）有明确的应急保障措施，并能满足本地区、本部门、本单位的应急工作要求；

7）预案基本要素齐全、完整，预案附件提供的信息准确；

8）预案内容与相关应急预案相互衔接。

地方各级安全生产监督管理部门应当根据法律、法规、规章和同级人民政府以及上一级安全生产监督管理部门的应急预案，结合工作实际，组织制定相应的部门应急预案。

生产经营单位应当根据有关法律、法规和《生产经营单位安全生产事故应急预案编制导则》（AQ/T9002—2006），结合本单位的危险源状况、危险性分析情况和可能发生的事故特点，制定相应的应急预案。生产经营单位的应急预案按照针对情况的不同，分为综合应急预案、专项应急预案和现场处置方案。

《生产安全事故应急预案管理办法》规定：生产经营单位风险种类多、可能发生多种事故类型的，应当组织编制本单位的综合应急预案。综合应急预案应当包括本单位的应急组织机构及其职责、预案体系及响应程序、事故预防及应急保障、应急培训及预案演练等主要内容。

对于某一种类的风险，生产经营单位应当根据存在的重大危险源和可能发生的事故类型，制定相应的专项应急预案。专项应急预案应当包括危险性分析、可能发生的事故特征、应急组织机构与职责、预防措施、应急处置程序和应急保障等内容。

对于危险性较大的重点岗位，生产经营单位应当制定重点工作岗位的现场处置方案。现场处置方案应当包括危险性分析、可能发生的事故特征、应急处置程序、应急处置要点和注意事项等内容。

应急预案应当包括应急组织机构和人员的联系方式、应急物资储备清单等附件信息。附件信息应当经常更新，确保信息准确有效。

2. 对应急预案评审的有关规定

《生产安全事故应急预案管理办法》规定：地方各级安全生产监督管理部门应当组织有关专家对本部门编制的应急预案进行审定；必要时，可以召开听证会，听取社会有关方面的意见。涉及相关部门职能或者需要有关部门配合的，应当征得有关部门同意。

爆、有毒废弃化学品的企业和单位。

（2）排查治理的主要内容

1）危险化学品生产企业和使用危险化学品的化工和医药生产企业

①重要生产车间、原料和产品库区、公用工程（供电、供水、供汽、供风）等单元和重点部位的安全生产状况。

②工艺技术管理制度、仪表联锁管理制度、设备维护保养管理制度、“变更管理”制度的建立和执行情况；重要机组、反应器、分馏塔、专用设备、压力容器、压力管道等重要设备管理制度的建立和执行情况；工艺技术是否合规，操作条件是否合理，主要联锁自动保护装置是否正常。

③生产装置正常开、停车和紧急停车安全规程的制定与执行情况；开车前和停车后确认制度的建立与执行情况。

④检修、维修作业时，动火作业、进入受限空间作业、破土作业、起重作业、高处作业、临时用电等特种作业安全管理制度的建立和执行情况；生产和施工作业中，“四防”（防火、防爆、防中毒、防跑料串料）安全管理制度的建立和执行情况，特别是进入受限空间作业和防中毒、窒息制度的建立和执行情况。

⑤防雷电、防汛，防台风、防构筑物倒塌、防静电、防粉尘爆炸等管理制度和措施落实情况。

⑥企业是否建立了应急救援队伍，是否储备了必要的应急器材，或与当地大型企业、与地方建立了应急救援合作关系；化工企业事故状态下防止“清净下水”污染的措施落实情况，是否设立了污水储存池及具备污水处理的能力。

⑦岗位操作人员熟练掌握本岗位职责、工艺流程、危险

矿山、建筑施工单位和易燃易爆物品、危险化学品、放射性物品等危险物品的生产、经营、储存、使用单位和中型规模以上的其他生产经营单位，应当组织专家对本单位编制的应急预案进行评审。评审应当形成书面纪要并附有专家名单。

应急预案的评审或者论证应当注重应急预案的实用性、基本要素的完整性、预防措施的针对性、组织体系的科学性、响应程序的操作性、应急保障措施的可行性、应急预案的衔接性等内容。

生产经营单位的应急预案经评审或者论证后，由生产经营单位主要负责人签署公布。

3．对应急预案备案的有关规定

《生产安全事故应急预案管理办法》规定：地方各级安全生产监督管理部门的应急预案，应当报同级人民政府和上一级安全生产监督管理部门备案。其他负有安全生产监督管理职责的部门的应急预案，应当抄送同级安全生产监督管理部门。

中央管理的总公司（总厂、集团公司、上市公司）的综合应急预案和专项应急预案，报国务院国有资产监督管理部门、国务院安全生产监督管理部门和国务院有关主管部门备案；其所属单位的应急预案分别抄送所在地的省、自治区、直辖市或者设区的市人民政府安全生产监督管理部门和有关主管部门备案。

《生产安全事故应急预案管理办法》规定：生产经营单位申请应急预案备案，应当提交以下材料：

1）应急预案备案申请表；

2）应急预案评审或者论证意见；

3）应急预案文本及电子文档。

受理备案登记的安全生产监督管理部门应当对应急预案进行形式审查，经审查符合要求的，予以备案并出具应急预案备案登记表；不符合要求的，不予备案并说明理由。

对于实行安全生产许可的生产经营单位，已经进行应急预案备案登记的，在申请安全生产许可证时，可以不提供相应的应急预案，仅提供应急预案备案登记表。

各级安全生产监督管理部门应当指导、督促检查生产经营单位做好应急预案的备案登记工作，建立应急预案备案登记建档制度。

4．对应急预案实施的有关规定

《生产安全事故应急预案管理办法》规定：各级安全生产监督管理部门、生产经营单位应当采取多种形式开展应急预案的宣传教育，普及生产安全事故预防、避险、自救和互救知识，提高从业人员安全意识和应急处置技能。

各级安全生产监督管理部门应当将应急预案的培训纳入安全生产培训工作计划，并组织实施本行政区域内重点生产经营单位的应急预案培训工作。

生产经营单位应当组织开展本单位的应急预案培训活动，使有关人员了解应急预案内容，熟悉应急职责、应急程序和岗位应急处置方案。应急预案的要点和程序应当张贴在应急地点和应急指挥场所，并设有明显的标志。

生产经营单位应当制定本单位的应急预案演练计划，根据本单位的事故预防重点，每年至少组织一次综合应急预案演练或者专项应急预案演练，每半年至少组织一次现场处置方案演练。

应急预案演练结束后，应急预案演练组织单位应当对应急预案演练效果进行评估，撰写应急预案演练评估报告，分析存在的问题，并对应急预案提出修订意见。

《生产安全事故应急预案管理办法》规定：生产经营单位制定的应急预案应当至少每三年修订一次，预案修订情况应有记录并归档。

有下列情形之一的，应急预案应当及时修订：

1）生产经营单位因兼并、重组、转制等导致隶属关系、经营方式、法定代表人发生变化的；

2）生产经营单位生产工艺和技术发生变化的；

3）周围环境发生变化，形成新的重大危险源的；

4）应急组织指挥体系或者职责已经调整的；

5）依据的法律、法规、规章和标准发生变化的；

6）应急预案演练评估报告要求修订的；

7）应急预案管理部门要求修订的。

生产经营单位应当按照应急预案的要求配备相应的应急物资及装备，建立使用状况档案，定期检测和维护，使其处于良好状态。

生产经营单位发生事故后，应当及时启动应急预案，组织有关力量进行救援，并按照规定将事故信息及应急预案启动情况报告安全生产监督管理部门和其他负有安全生产监督管理职责的部门。

5．对奖励与处罚的有关规定

《生产安全事故应急预案管理办法》规定：对于在应急预案编制和管理工作中做出显著成绩的单位和人员，安全生产监督管理部门、生产经营单位可以给予表彰和奖励。

生产经营单位应急预案未按照本办法规定备案的，由县级以上安全生产监督管理部门给予警告，并处三万元以下罚款。

生产经营单位未制定应急预案或者未按照应急预案采取预防措施，导致事故救援不力或者造成严重后果的，由县级以上安全生产监督管理部门依照有关法律、法规和规章的规定，责令停产停业整顿，并依法给予行政处罚。

二 《关于加强基层安全生产应急队伍建设的意见》相关知识点

2010 年 1 月 22 日，国家安全生产监督管理总局印发《关于加强基层安全生产应急队伍建设的意见》（安监总应急［2010］13 号）。《意见》指出：基层安全生产应急队伍是安全生产应急管理和生产安全事故应急救援的基础力量，是安全生产应急体系的重要组成部分，同时也是自然灾害等其他突发事件抢险救灾的重要力量。为深入贯彻落实《突发事件应对法》和《国务院办公厅关于加强基层应急队伍建设的意见》（国办发［2009］59 号），加强基层安全生产应急队伍建设，全面提高基层安全生产应急能力，现提出如下意见：

1. 基本原则和建设目标

1）基本原则。坚持以安全生产专业应急队伍为骨干、以兼职安全生产应急队伍、安全生产应急志愿者队伍等其他应急力量为补充，建设覆盖所有县（市、区）、街道、乡镇的基层安全生产应急队伍体系；坚持统筹规划，各负其责，充分整合利用现有资源，建设与本地、本企业安全生产需要相适应的基层安全生产应急队伍；坚持以矿山、危险化学品应急队伍建设为重点，以处置和预防生产安全事故为主业，努力拓展抢险救灾服务功能，建设“一专多能”的基层安全生产应急队伍；坚持依靠科技进步，依靠专业装备，依靠科学管理，内练素质、外树形象，不断提高基层安全生产应急队伍整体水平。

2）建设目标。通过三年的努力，重点县（市、区）和高危行业大中型企业全部建立安全生产应急管理和救援指挥机构，其他县（市、区）以及所有社区、街道、乡镇和小型企业都有专人负责安全生产应急管理工作；县（市、区）、社区、街道、乡镇根据实际需要建立或确定本地有关高危行业（领域）安全生产专业骨干应急队伍；矿山、危险化学品等高危行业大中型企业普遍建立专职安全生产应急队伍，其他生产经营单位建立兼职安全生产应急队伍并与邻近专业应急队伍签订救援协议；安全生产专业应急队伍与其他应急队伍之间的协调配合机制进一步健全，社会安全生产应急志愿者队伍服务进一步规范，基本形成由专业队伍、辅助队伍、志愿者队伍构成的基层安全生产应急队伍体系和“统一指挥、反应灵敏、协调有序、运转高效”的基层安全生产应急工作机制，预防和处置各类生产安全事故的能力明显提高。

2. 加强基层安全生产应急队伍体系建设

1）加强安全生产专业应急队伍建设。按照建设目标要求，大中型矿山、危险化学品等高危行业企业应当依法建立专职安全生产应急队伍（其中矿山救护队必须按照相关建设标准取得相应的资质）。各地要根据本行政区域内矿山、危险化学品企业分布情况和企业专职应急队伍的建立情况，采取依托企业专职应急队伍或独立组建的方式，建立本行政区域安全生产骨干应急队伍，以满足本行政区域预防和处置生产安全事故的需要。地方要为骨干应急队伍配备先进适用装备，给予政策扶持，确保其健康持续发展。基层安全监管监察部门要积极配合和大力支持交通、铁路、质检、电力、建筑等部门建设基层专业应急队伍，建立和完善区域专业联防体系。各地要将矿山医疗救护体系建设纳入本地应急医疗卫生救援体系和安全生产应急救援体系之中，同步规划、同步建设。要依托本地大中型矿山企业医院建立矿山医疗救护骨干队伍，并督促指导矿山企业加强医疗救护队伍建设，将矿山医疗救护网络延伸到每一个矿山企业直至井（坑）口、车间，进一步完善三级矿山医疗救护网络。

2）强化兼职安全生产应急队伍建设。未明确要求建立专职安全生产应急队伍的生产经营单位，要建立兼职应急队伍或明确专兼职应急救援人员，并与邻近专职安全生产应急队伍签订应急救援协议。本行政区域没有矿山、危险化学品等高危行业企业的地方，要加强其他专业安全生产兼职应急队伍建设，或整合本行政区域应急救援力量组建安全生产兼职应急队伍，或依托本行政区域综合应急队伍充实安全生产应急救援力量，以满足本地生产安全事故应急工作的需要。险时，兼职应急队伍应充分发挥就近和熟悉情况的优势，在相关应急指挥机构组织下开展先期处置，组织群众自救互救，参与抢险救灾、人员转移安置、维护社会秩序，为专业应急队伍提供现场信息，引导专业应急队伍开展救援工作，并配合专业应急队伍做好各项保障，协助有关方面做好善后处置、物资发放等工作。平时，兼职应急队伍应发挥信息员作用，发现事故隐患及时报告，协助做好预警信息传递、灾情收集上报和评估等工作，参与有关单位组织的隐患排查治理。

3）加快安全生产应急志愿者队伍建设步伐。基层安全监管监察部门要充分发挥社会志愿者的作用，把具有相关专业知识和技能的志愿者纳入安全生产应急志愿者队伍。要组织对志愿者的安全生产应急知识培训和救援基本技能训练，建立规范的志愿者管理制度。要发挥志愿者的就近优势，险时立即集结到位，在相关应急指挥机构统一指挥下，组织群众疏散，协助维持现场秩序，开展家属安抚和遇险人员心理干预，收集和提供事故情况，配合开展相关辅助工作。

3. 提高基层安全生产应急队伍装备水平

1）加强基层应急队伍装备建设。基层安全监管监察部门要对本区域应急救援技术装备配置进行统筹规划，协调和督促有关单位按照有关规程和标准规范为基层安全生产应急队伍配备充足的、先进适用的应急救援装备和器材。同时，要支持和督促本地安全生产专业骨干应急队伍配备比较先进的、必要的装备和器材，以适应本地生产安全事故救援工作的需要。

2）大力推进应急装备的技术进步。要加强应急新技术、新装备的推广、应用，不断提高应急工作的科技水平，推动事故救援现场装备的信息化、安全化、高效化。有条件的地方，要积极引进、消化国外先进的救援技术、装备，不断提高应急处置能力。

3）加强基层应急信息平台建设。基层安全监管监察部门和有关生产经营单位要加强信息化建设。要加强服务信息平台建设，利用现有的计算机终端与安全生产应急平台联网；地方要积极创造条件，针对危险源、重点部位布设电子监控设备，逐步实现对辖区内的安全生产状况的动态监控和信息、图像的快速采集、处理；生产经营单位应积极建立安全生产应急平台，重点实现监测监控、信息报告、综合研判、指挥调度等功能，实时为上级管理部门及服务区城安全生产应急基地提供相关数据、图像、语音和资料。基层安全生产应急工作机构要建立应急终端，并与基层政府和有关部门及有关生产经营单位的应急平台和系统联网，实现应急信息传递的高效、便捷，提高队伍的应急响应速度。

4. 加强基层安全生产应急基础工作

1）加强基层应急队伍制度建设。建立健全应急值守、接警处置、预防性检查、培训考核、训练演练、装备器材维护与管理、技术资料管理、财务后勤管理等各项制度；建立各类工作记录和档案，如值班、会议、训练和演练、事故处理等记录以及装备管理、事故处理评估报告、隐患排查情况等档案资料；加强培训和训练工作，通过日常训练、培训、技术竞赛、经验交流、模拟实战演习等多种形式提高救援技能，提升实战能力。

2）加强基层应急队伍的培训和训练。各级安全监管监察部门要把基层安全生产应急人员和志愿者的教育培训纳入安全生产应急管理教育培训体系之中，分类组织对基层应急人员和志愿者进行专门培训，使基层各级各类安全生产应急人员和志愿者熟悉、掌握应急管理和救援专业知识技能，增强先期处置和配合协助专业应急队伍开展救援的能力。同时，要加强应急知识的宣传和普及，使基层应急人员和志愿者充分了解应急知识，提高组织指挥和预防事故及自救、互救能力。

3）增强基层应急救援队伍的战斗力。各级安全监管监察部门要引导基层安全生产应急救援队伍采取有力措施，不断提高战斗力。要强化理论武装、强化政治工作、强化作风锤炼，搞好思想政治和作风建设，加强事故案例分析和救援经验总结评估工作，持之以恒地开展技战术研究，不断探索应急救援的规律和有效方法，不断提高救援的科学性、实效性；开展地震、泥石流、山体滑坡、洪灾、建（构）筑物坍塌、隧道冒顶等灾害事故的应急救援技能训练，扩充配备相应装备，努力拓展救援服务功能，实现一专多能；在基层安全生产应急救援队伍中大力开展“技术比武”和“创先争优”活动等。通过一系列措施，使基层安全生产应急救援队伍的战斗力不断得到提升。

4）加强基层应急联动机制建设。基层安全监管监察部门要全面掌握本行政区域内的各类安全生产应急资源，推动建立本行政区域各类应急队伍之间、基层应急队伍与地区骨干应急队伍之间、基层应急队伍与国家级应急救援基地之间的应急联动机制。要明确安全生产应急工作各环节的主管部门、协作部门、参与单位及其职责，确立统一调度、快速运送、合理调配、密切协作的工作机制，实现应急联动。要结合实际，组织开展形式多样的、有针对性的应急演练，特别要组织开展多地区、多部门、多单位和多应急队伍参与的综合性应急演练，增强地方、部门、生产经营单位、其他社会组织及应急队伍的协同作战能力。

5. 健全完善基层安全生产应急体制和政策措施

1）加强安全生产应急管理组织体系建设。各地要在推动市（地）、重点县（市、区）和高危行业大中型企业建立安全生产应急管理机构，并做到机构、编制、人员、经费、装备“五落实”的同时，引导促进社区、街道、乡镇按照属地管理原则，明确机构，明确人员，确保有人管、会管理、管得好。居委会、村委会等群众自治组织，要将安全生产应急管理作为自治管理的重要内容，明确落实安全生产应急管理工作责任人，做好群众的组织、动员工作。

2）建立基层应急队伍的经费保障制度。基层安全监管监察部门要将加强基层安全生产应急队伍建设作为履行政府职能的一项重要任务，融入日常各项工作中。要制定完善基层安全生产应急队伍建设标准，搞好基层安全生产应急队伍建设示范工作。要不断总结典型经验，创新工作思路，积极探索有利于推动基层安全生产应急队伍建设的有效途径和方法。各地和生产经营单位要根据本行政区域、本单位安全生产工作的特点和需要，加强安全生产应急队伍建设，把安全生产应急队伍建设纳入本行政区域、本单位年度计划和“十二五”规划中，统一规划、统一部署、统一实施、统一推进。要加大基层安全生产应急队伍经费保障力度，建立正常的经费渠道和相关制度，努力争取将基层安全生产应急队伍建设的工作经费纳入同级财政预算。

3）建立健全有利于基层应急队伍健康发展的政策措

施。各省级安全监管监察部门要会同有关部门尽快完善基层安全生产应急队伍建设的财政扶持政策。要建立完善应急资源征用补偿制度、事故应急救援车辆执行应急救援任务免交过路过桥费用制度和基层应急救援有偿服务制度；要制定救援队员薪酬、津贴、着装、工伤保险、抚恤、退役或转岗安置等政策措施，解决基层安全生产应急队伍的实际困难和后顾之忧；要建立应急救援奖励制度：对在事故救援、事件处置工作中作出贡献的单位和个人要及时给予奖励和表彰，对做出突出贡献的单位和个人要联合人力资源、工会、共青团等部门和组织授予荣誉，提请政府给予表彰；要建立安全生产应急救援公益性基金，鼓励自然人、法人和其他组织开展捐赠，形成团结互助、和衷共济的好风尚。此外，要制定推进志愿者参与安全生产应急救援的指导意见，鼓励和规范社会各界从事安全生产应急志愿服务。

6. 加强领导，落实责任，全力推进基层安全生产应急队伍建设

各级安全监管监察部门在安全生产有关行政许可审查中，要依法加强对安全生产应急队伍建设条件的审查。要审查基层生产经营单位是否有符合要求的专兼职应急管理机构、人员和应急队伍，是否与有资质的应急队伍签订了协议。同时，要建立安全生产应急队伍报备制度，及时掌握基层应急队伍建立情况，加强对应急队伍建设的指导。省级安全监管监察部门要切实加强对基层安全生产应急队伍建设的领导，经常研究，抓住不放。尤其要抓好典型示范，督促和指导辖区内市（地）、重点县（市、区）建立健全安全生产应急管理和救援指挥机构，落实工作责任，以推动基层安全

生产应急队伍建设工作的更好开展，促进基层安全生产应急队伍健康快速发展。

三 《生产经营单位生产安全事故应急预案评审指南（试行）》相关知识点

2009年4月29日，国家安全生产监督管理总局印发《生产经营单位生产安全事故应急预案评审指南（试行）》（安监总厅应急［2009］73号）（简称《评审指南》）。编制《评审指南》的目的，是依据《生产经营单位安全生产事故应急预案编制导则》（以下简称《导则》），贯彻实施《生产安全事故应急预案管理办法》（国家安全监管总局令第17号），指导生产经营单位做好生产安全事故应急预案（以下简称应急预案）评审工作，提高应急预案的科学性、针对性和实效性。

《评审指南》主要内容如下：

1．评审方法

应急预案评审采取形式评审和要素评审两种方法。形式评审主要用于应急预案备案时的评审，要素评审用于生产经营单位组织的应急预案评审工作。应急预案评审采用符合、基本符合、不符合三种意见进行判定。对于基本符合和不符合的项目，应给出具体修改意见或建议。

1）形式评审。依据《导则》和有关行业规范，对应急预案的层次结构、内容格式、语言文字、附件项目以及编制程序等内容进行审查，重点审查应急预案的规范性和编制程序。应急预案形式评审的具体内容及要求，见附件 1。

2）要素评审。依据国家有关法律法规、《导则》和有关行业规范，从合法性、完整性、针对性、实用性、科学性、操作性和衔接性等方面对应急预案进行评审。为细化评审，采用列表方式分别对应急预案的要素进行评审。评审时，将应急预案的要素内容与评审表中所列要素的内容进行对照，判断是否符合有关要求，指出存在问题及不足。应急预案要素分为关键要素和一般要素。应急预案要素评审的具体内容及要求，见附件 2、附件 3、附件 4、附件 5。

关键要素是指应急预案构成要素中必须规范的内容。这些要素涉及生产经营单位日常应急管理及应急救援的关键环节，具体包括危险源辨识与风险分析、组织机构及职责、信息报告与处置和应急响应程序与处置技术等要素。关键要素必须符合生产经营单位实际和有关规定要求。一般要素是指应急预案构成要素中可简写或省略的内容。这些要素不涉及生产经营单位日常应急管理及应急救援的关键环节，具体包括应急预案中的编制目的、编制依据、适用范围、工作原则、单位概况等要素。

2. 评审程序

应急预案编制完成后，生产经营单位应在广泛征求意见的基础上，对应急预案进行评审。

1）评审准备。成立应急预案评审工作组，落实参加评审的单位或人员，将应急预案及有关资料在评审前送达参加评审的单位或人员。

2）组织评审。评审工作应由生产经营单位主要负责人或主管安全生产工作的负责人主持，参加应急预案评审人员应符合《生产安全事故应急预案管理办法》要求。生产经营规模小、人员少的单位，可以采取演练的方式对应急预案进行论证，必要时应邀请相关主管部门或安全管理人员参加。应急预案评审工作组讨论并提出会议评审意见。

3）修订完善。生产经营单位应认真分析研究评审意见，按照评审意见对应急预案进行修订和完善。评审意见要求重新组织评审的，生产经营单位应组织有关部门对应急预案重新进行评审。

4）批准印发。生产经营单位的应急预案经评审或论证，符合要求的，由生产经营单位主要负责人签发。

3．评审要点

应急预案评审应坚持实事求是的工作原则，结合生产经营单位工作实际，按照《导则》和有关行业规范，从以下七个方面进行评审。

1）合法性。符合有关法律、法规、规章和标准，以及有关部门和上级单位规范性文件要求。

2）完整性。具备《导则》所规定的各项要素。

3）针对性。紧密结合本单位危险源辨识与风险分析。

4）实用性。切合本单位工作实际，与生产安全事故应急处置能力相适应。

5）科学性。组织体系、信息报送和处置方案等内容科学合理。

6）操作性。应急响应程序和保障措施等内容切实可行。

7）衔接性。综合、专项应急预案和现场处置方案形成体系，并与相关部门或单位应急预案相互衔接。

有关部门应急预案的评审工作可参照本指南。

附件：1. 应急预案形式评审表；2. 综合应急预案要素评审表；3. 专项应急预案要素评审表；4. 现场处置方案要素评审表；5. 应急预案附件要素评审表。（略）

第六部分

职业危害与预防新知识

一 《作业场所职业健康监督管理暂行规定》相关知识点

《作业场所职业健康监督管理暂行规定》（国家安全生产监督管理总局令第23号）自2009年9月1日起施行。该规定分为五章五十六条，各章内容为：第一章总则，第二章生产经营单位的职责，第三章监督管理，第四章罚则，第五章附则。制定该规定的目的，是根据《职业病防治法》《安全生产法》等法律、行政法规和国务院有关职业健康监督检查职责调整的规定，加强工矿商贸生产经营单位作业场所职业健康的监督管理，强化生产经营单位职业危害防治的主体责任，预防、控制和消除职业危害，保障从业人员生命安全和健康。该规定适用于除煤矿企业以外的工矿商贸生产经营单位（以下简称生产经营单位）作业场所的职业危害防治和安全生产监督管理部门对其实施监督管理工作。

《作业场所职业健康监督管理暂行规定》规定：生产经营单位应当加强作业场所的职业危害防治工作，为从业人员提供符合法律、法规、规章和国家标准、行业标准的工作环境和条件，采取有效措施，保障从业人员的职业健康。生产经营单位是职业危害防治的责任主体。生产经营单位的主要负责人对本单位作业场所的职业危害防治工作全面负责。

1. 对生产经营单位职责的有关规定

《作业场所职业健康监督管理暂行规定》规定：存在职业危害的生产经营单位应当设置或者指定职业健康管理机构，配备专职或者兼职的职业健康管理人员，负责本单位的职业危害防治工作。

生产经营单位应当对从业人员进行上岗前的职业健康培训和在岗期间的定期职业健康培训，普及职业健康知识，督促从业人员遵守职业危害防治的法律、法规、规章、国家标准、行业标准和操作规程。

《作业场所职业健康监督管理暂行规定》还规定：存在职业危害的生产经营单位应当建立、健全下列职业危害防治制度和操作规程：

1）职业危害防治责任制度；

2）职业危害告知制度；

3）职业危害申报制度；

4）职业健康宣传教育培训制度；

5）职业危害防护设施维护检修制度；

6）从业人员防护用品管理制度；

7）职业危害日常监测管理制度；

8）从业人员职业健康监护档案管理制度；

9）岗位职业健康操作规程；

10）法律、法规、规章规定的其他职业危害防治制度。

第十二条规定：存在职业危害的生产经营单位的作业场所应当符合下列要求：

1）生产布局合理，有害作业与无害作业分开；

2）作业场所与生活场所分开，作业场所不得住人；

3）有与职业危害防治工作相适应的有效防护设施；

4）职业危害因素的强度或者浓度符合国家标准、行业标准；

5）法律、法规、规章和国家标准、行业标准的其他规定。

第十八条规定：存在职业危害的生产经营单位，应当在醒目位置设置公告栏，公布有关职业危害防治的规章制度、操作规程和作业场所职业危害因素监测结果。对产生严重职业危害的作业岗位，应当在醒目位置设置警示标识和中文警示说明。警示说明应当载明产生职业危害的种类、后果、预防和应急处置措施等内容。

第十九条规定：生产经营单位必须为从业人员提供符合国家标准、行业标准的职业危害防护用品，并督促、教育、指导从业人员按照使用规则正确佩戴、使用，不得发放钱物替代发放职业危害防护用品。生产经营单位应当对职业危害防护用品进行经常性的维护、保养，确保防护用品有效。不得使用不符合国家标准、行业标准或者已经失效的职业危害防护用品。

第二十条规定：生产经营单位对职业危害防护设施应当进行经常性的维护、检修和保养，定期检测其性能和效果，确保其处于正常状态。不得擅自拆除或者停止使用职业危害防护设施。

第三十条规定：生产经营单位与从业人员订立劳动合同（含聘用合同，下同）时，应当将工作过程中可能产生的职业危害及其后果、职业危害防护措施和待遇等如实告知从业人员，并在劳动合同中写明，不得隐瞒或者欺骗。生产经营单位应当依法为从业人员办理工伤保险，缴纳保险费。

第三十一条规定：对接触职业危害的从业人员，生产经营单位应当按照国家有关规定组织上岗前、在岗期间和离岗时的职业健康检查，并将检查结果如实告知从业人员。职业健康检查费用由生产经营单位承担。生产经营单位不得安排未经上岗前职业健康检查的从业人员从事接触职业危害的作业；不得安排有职业禁忌的从业人员从事其所禁忌的作业；对在职业健康检查中发现有与所从事职业相关的健康损害的从业人员，应当调离原工作岗位，并妥善安置；对未进行离岗前职业健康检查的从业人员，不得解除或者终止与其订立的劳动合同。

第三十二条规定：生产经营单位应当为从业人员建立职业健康监护档案，并按照规定的期限妥善保存。从业人员离开生产经营单位时，有权索取本人职业健康监护档案复印件，生产经营单位应当如实、无偿提供，并在所提供的复印件上签章。

第三十三条规定：生产经营单位不得安排未成年工从事接触职业危害的作业；不得安排孕期、哺乳期的女职工从事对本人和胎儿、婴儿有危害的作业。

2．对监督管理的有关规定

《作业场所职业健康监督管理暂行规定》规定：安全生产监督管理部门依法对生产经营单位执行有关职业危害防治的法律、法规、规章和国家标准、行业标准的下列情况进行监督检查：

1）职业健康管理机构设置、人员配备情况；

2）职业危害防治制度和规程的建立、落实及公布情况；

3）主要负责人、职业健康管理人员、从业人员的职业健康教育培训情况；

4）作业场所职业危害因素申报情况；

5）作业场所职业危害因素监测、检测及结果公布情况；

6）职业危害防护设施的设置、维护、保养情况，以及个体防护用品的发放、管理及从业人员佩戴使用情况；

7）职业危害因素及危害后果告知情况；

8）职业危害事故报告情况；

9）依法应当监督检查的其他情况。

3．对罚则的有关规定

《作业场所职业健康监督管理暂行规定》第四十五条规定：生产经营单位有下列情形之一的，给予警告，责令限期改正；逾期未改正的，处2万元以下的罚款：

1）未按照规定设置或者指定职业健康管理机构，或者未配备专职或者兼职的职业健康管理人员的；

2）未按照规定建立职业危害防治制度和操作规程的；

3）未按照规定公布有关职业危害防治的规章制度和操作规程的；

4）生产经营单位主要负责人、职业健康管理人员未按照规定接受职业健康培训的；

5）生产经营单位未按照规定组织从业人员进行职业健

康培训的；

6）作业场所职业危害因素监测、检测和评价结果未按照规定存档、报告和公布的。

第四十六条规定：生产经营单位有下列情形之一的，责令限期改正，给予警告，可以并处2万元以上5万元以下的罚款：

1）未按照规定及时、如实申报职业危害因素的；

2）未按照规定设有专人负责作业场所职业危害因素日常监测，或者监测系统不能正常监测的；

3）订立或者变更劳动合同时，未告知从业人员职业危害真实情况的；

4）未按照规定组织从业人员进行职业健康检查、建立职业健康监护档案，或者未将检查结果如实告知从业人员的。

第四十七条规定：生产经营单位有下列情形之一的，给予警告，责令限期改正；逾期未改正的，处5万元以上20万元以下的罚款；情节严重的，责令停止产生职业危害的作业，或者提请有关人民政府按照国务院规定的权限责令关闭：

1）作业场所职业危害因素的强度或者浓度超过国家标准、行业标准的；

2）未提供职业危害防护设施和从业人员使用的职业危害防护用品，或者提供的职业危害防护设施和从业人员使用的职业危害防护用品不符合国家标准、行业标准的；

3）未按照规定对职业危害防护设施和从业人员职业危害防护用品进行维护、检修、检测，并保持正常运行、使用状态的；

4）未按照规定对作业场所职业危害因素进行检测、评价的；

5）作业场所职业危害因素经治理仍然达不到国家标准、行业标准的；

6）发生职业危害事故，未采取有效措施，或者未按照规定及时报告的；

7）未按照规定在产生职业危害的作业岗位醒目位置公布操作规程、设置警示标识和中文警示说明的；

8）拒绝安全生产监督管理部门依法履行监督检查职责的。

第四十八条规定：生产经营单位有下列情形之一的，责令限期改正，并处5万元以上30万元以下的罚款；情节严重的，责令停止产生职业危害的作业，或者提请有关人民政府按照国务院规定的权限责令关闭：

1）隐瞒技术、工艺、材料所产生的职业危害而采用的；

2）使用国家明令禁止使用的可能产生职业危害的设备或者材料的；

3）将产生职业危害的作业转移给没有职业危害防护条件的单位和个人，或者没有职业危害防护条件的单位和个人接受产生职业危害作业的；

4）擅自拆除、停止使用职业危害防护设施的；

5）安排未经职业健康检查的从业人员、有职业禁忌的从业人员、未成年工或者孕期、哺乳期女职工从事接触产生职业危害作业或者禁忌作业的。

第四十九条规定：生产经营单位违反有关职业危害防治

法律、法规、规章和国家标准、行业标准的规定，已经对从业人员生命健康造成严重损害的，责令停止产生职业危害的作业，或者提请有关人民政府按照国务院规定的权限责令关闭，并处10万元以上30万元以下的罚款。

二 《作业场所职业危害申报管理办法》

相关知识点

《作业场所职业危害申报管理办法》（国家安全生产监督管理总局令第27号）自2009年11月1日起施行。该办法分为十六条，制定该办法的目的，是根据《中华人民共和国职业病防治法》《使用有毒物品作业场所劳动保护条例》等法律、行政法规和国务院有关职业健康监督检查职责调整的规定，规范作业场所职业危害的申报工作，加强对生产经营单位职业健康工作的监督管理。在中华人民共和国境内存在或者产生职业危害的生产经营单位（煤矿企业除外），应当按照国家有关法律、行政法规及本办法的规定，及时、如实申报职业危害，并接受安全生产监督管理部门的监督管理。

《作业场所职业危害申报管理办法》所称作业场所职业危害，是指从业人员在从事职业活动中，由于接触粉尘、毒物等有害因素而对身体健康所造成的各种损害。作业场所职业危害按照《职业病危害因素分类目录》确定。

职业危害申报工作实行属地分级管理。生产经营单位应当按照规定对本单位作业场所职业危害因素进行检测、评价，并按照职责分工向其所在地县级以上安全生产监督管理部门申报。中央企业及其所属单位的职业危害申报，按照职责分工向其所在地设区的市级以上安全生产监督管理部门申报。

《作业场所职业危害申报管理办法》规定：生产经营单位申报职业危害时，应当提交《作业场所职业危害申报表》和下列有关资料：

1）生产经营单位的基本情况；

2）产生职业危害因素的生产技术、工艺和材料的情况；

3）作业场所职业危害因素的种类、浓度和强度的情况；

4）作业场所接触职业危害因素的人数及分布情况；

5）职业危害防护设施及个人防护用品的配备情况；

6）对接触职业危害因素从业人员的管理情况；

7）法律、法规和规章规定的其他资料。

《作业场所职业危害申报管理办法》规定：作业场所职业危害每年申报一次。生产经营单位下列事项发生重大变化的，应当按照本条规定向原申报机关申报变更：

1）进行新建、改建、扩建、技术改造或者技术引进的，在建设项目竣工验收之日起30日内进行申报；

2）因技术、工艺或者材料发生变化导致原申报的职业危害因素及其相关内容发生重大变化的，在技术、工艺或者材料变化之日起15日内进行申报；

3）生产经营单位名称、法定代表人或者主要负责人发生变化的，在发生变化之日起15日内进行申报。

《作业场所职业危害申报管理办法》规定：安全生产

监督管理部门应当依法对生产经营单位作业场所职业危害申报情况进行监督检查。生产经营单位有关事项发生重大变化，未按照本办法的规定申报变更的，由安全生产监督管理部门责令限期改正，可以并处 1 万元以上 3 万元以下罚款。

三　《煤矿作业场所职业危害防治规定（试行）》相关知识点

《煤矿作业场所职业危害防治规定（试行）》（安监总煤调［2010］121 号）自 2010 年 9 月 1 日起施行。该规定分为十一个部分七十九条，各部分内容为：一、总则，二、煤矿职业危害防治管理，三、煤矿职业危害申报，四、煤矿粉尘危害防治，五、煤矿噪声危害防治，六、煤矿高温危害防治，七、煤矿职业中毒防治，八、职业卫生技术服务机构管理，九、监督检查，十、煤矿职业危害事故认定与处理，十一、附则。制定该规定的目的，是依据《中华人民共和国安全生产法》《中华人民共和国煤炭法》《中华人民共和国矿山安全法》《中华人民共和国职业病防治法》《煤矿安全监察条例》等有关法律、行政法规，加强煤矿作业场所职业危害防治工作，保护煤矿从业人员的健康。该规定适用于中华人民共和国领域内各类煤矿及其所属地面存在职业危害的作业场所。

煤矿职业危害（以下简称煤矿职业危害）主要指以下职业危害因素：①粉尘：煤尘、岩尘、水泥尘等；②化学物质：氮氧化物、碳氧化物、硫化氢等；③物理因素：噪声、高温等。

《煤矿作业场所职业危害防治规定（试行)》规定：煤矿职业危害防治实行国家监察、地方监管、企业负责的制度，按照源头治理、科学防治、严格管理、依法监督的要求开展工作。煤矿安全监察机构依法负责煤矿职业危害防治的监察工作，地方各级人民政府煤矿安全生产监督管理部门（以下简称煤矿安全监管部门）负责煤矿职业危害防治的日常监督管理工作，煤矿企业是煤矿职业危害防治的责任主体。

1. 对煤矿职业危害防治管理的有关规定

《煤矿作业场所职业危害防治规定（试行)》规定：煤矿企业法定代表人是本单位职业危害防治工作的第一责任人。煤矿企业应建立健全职业危害防治领导机构，负责制定职业危害防治规划、年度计划和机构设置、职责分工、经费落实等工作，加强对职业危害防治工作的领导。

煤矿企业应建立健全职业危害防治管理机构，配备专职管理人员，负责职业危害防治日常管理工作。

煤矿企业应建立职业危害防治院所，负责企业职业危害因素监（检）测与评价、职业健康监护、职业病诊断治疗康复等工作；不具备建立条件的，必须委托职业卫生技术服务机构为其提供职业危害防治技术服务。

煤矿企业应建立健全下列职业危害防治制度：

1）职业危害防治责任制度；

2）职业危害防治计划和实施方案；

3）职业危害告知制度；

4）职业危害防治宣传教育培训制度；

5）职业危害防护设施管理制度；

6）从业人员防护用品配备发放和使用管理制度；

7）职业危害日常监测管理制度；

8）职业健康监护管理制度；

9）职业危害申报制度；

10）职业病诊断鉴定及治疗康复制度；

11）职业危害防治经费保障及使用管理制度；

12）职业卫生档案与职业健康监护档案管理制度；

13）职业危害事故应急救援预案；

14）法律、法规、规章规定的其他职业危害防治制度。

《煤矿作业场所职业危害防治规定（试行）》规定：煤矿企业应将煤矿建设项目职业危害防治专篇、职业危害预评价报告、职业危害控制效果评价报告、职业危害防护设施验收批复文件及时报送建设项目所在地煤矿安全监管部门和驻地煤矿安全监察机构。

煤矿企业应指定专职或兼职职业危害因素监测人员，配备足够的监测仪器设备，按照有关规定对作业场所职业危害因素进行日常监测。监测人员按特种作业人员管理，持特种作业操作资格证上岗。

煤矿企业应委托具有资质的职业卫生技术服务机构，每年对作业场所职业危害因素进行一次检测评价，并将其结果报告所在地煤矿安全监管部门和驻地煤矿安全监察机构，同时向从业人员公布。

煤矿企业应按照《煤矿职业安全卫生个体防护用品配备标准》（AQ1501）规定，为接触职业危害的从业人员提供符合要求的个体防护用品，并指导和督促其正确使用。

煤矿企业应强化劳动用工管理，切实履行告知义务，与从业人员订立劳动合同时，应将作业过程中可能产生的职业危害及其后果、防护措施和相关待遇等如实告知从业人员，并在劳动合同中载明。

煤矿企业应在醒目位置设置公告栏，公布职业危害防治的规章制度、操作规程和作业场所职业危害因素检测结果；对产生严重职业危害的作业岗位，应在醒目位置设置警示标识和说明。

对接触职业危害的从业人员，煤矿企业应按照国家有关规定组织上岗前、在岗期间和离岗时的职业健康检查和医学随访，并将检查结果如实告知从业人员。职业健康检查费用由煤矿企业承担。

煤矿企业应为从业人员建立职业健康监护档案，并按照规定的期限妥善保存。从业人员离开煤矿企业时，有权索取本人职业健康监护档案复印件，煤矿企业应如实、无偿提供，并在所提供的复印件上签章。

煤矿企业发生职业危害事故后，应及时向所在地煤矿安全监管部门和驻地煤矿安全监察机构报告，并采取有效措施，控制或者消除职业危害因素，防止事故扩大。对遭受职业危害损害的从业人员，要及时组织救治，并承担所需费用。煤矿企业不得迟报、漏报、谎报或者瞒报煤矿职业危害事故。

2．对煤矿职业危害申报的有关规定

《煤矿作业场所职业危害防治规定（试行）》规定：煤矿企业应及时、如实向驻地煤矿安全监察机构申报职业危害，同时抄报所在地煤矿安全监管部门，并接受煤矿安全监察机构和煤矿安全监管部门的监督管理。

煤矿安全监察分局应每年将煤矿企业职业危害申报结果进行汇总并上报省级煤矿安全监察机构。省级煤矿安全监察机构将年度职业危害申报结果汇总后，及时上报国家煤矿安全监察局。

煤矿企业申报职业危害时应提交《煤矿作业场所职业危害申报表》及下列有关材料：

1）煤矿企业的基本情况；

2）煤矿职业危害因素的种类、浓度或强度情况；

3）煤矿作业场所接触职业危害因素的人数及分布情况；

4）职业危害防护设施及个体防护用品的配备情况；

5）法律、法规和规章规定的其他资料。

3．对煤矿粉尘危害防治的有关规定

《煤矿作业场所职业危害防治规定（试行）》规定：掘进井巷和硐室时，必须采用湿式钻眼，冲洗井壁巷帮，使用水炮泥，爆破过程中采用高压喷雾（喷雾压力不低于 8 MPa）或压气喷雾降尘、装岩（煤）洒水和净化风流等综合防尘措施。

在煤、岩层中钻孔，应采取湿式作业。煤（岩）与瓦斯突出煤层或软煤层中瓦斯抽放钻孔难以采取湿式钻孔时，可采取干式钻孔，但必须采取捕尘、降尘措施，其降尘效率不得低于95%，并确保捕尘、降尘装置能在瓦斯浓度高于1%的条件下安全运行。

炮采工作面应采取湿式钻眼法，使用水炮泥；爆破前、后应冲洗煤壁，爆破时应采用高压喷雾（喷雾压力不低于

8 MPa）或压气喷雾降尘，出煤时应当洒水降尘。

采煤机必须安装内、外喷雾装置，内喷雾压力不得低于 2 MPa，外喷雾压力不得低于 4 MPa，如果内喷雾装置不能正常使用，外喷雾压力不得低于 8 MPa。无水或喷雾装置不能正常使用时，必须停机；液压支架必须安装自动喷雾降尘装置，实现降柱、移架同步喷雾；破碎机必须安装防尘罩，并加装喷雾装置或用除尘器抽尘净化。放顶煤采煤工作面的放煤口，必须安装高压喷雾装置（喷雾压力不低于 8 MPa）。掘进机掘进作业时，应使用内、外喷雾装置和除尘器构成的综合防尘系统，并对掘进头含尘气流进行有效控制。

采掘工作面回风巷应安设至少 2 道自动控制风流净化水幕。

井下煤仓放煤口、溜煤眼放煤口以及地面带式输送机走廊，都必须安设喷雾装置或除尘器，作业时进行喷雾降尘或用除尘器除尘。其中煤仓放煤口、溜煤眼放煤口采用喷雾降尘时，喷雾压力不得低于 8 MPa。

预先湿润煤体。煤层注水过程中应当对注水流量、注水量及压力等参数进行监测和控制，单孔注水总量应使该钻孔预湿煤体的平均水分含量增量不得低于 1.5%，封孔深度应保证注水过程中煤壁及钻孔不漏水或跑水。在厚煤层分层开采时，应采取在上一分层的采空区内灌水，对下一分层的煤体进行湿润。

锚喷支护防尘。打锚杆眼应实施湿式钻孔。锚喷支护作业时，沙石混合料颗粒的粒径不得超过 15 mm，且应在下井前洒水预湿。距离锚喷作业点下风流方向 100 m 内，应设置 2 道以上风流净化水幕，且喷射混凝土时工作地点应采用除尘器抽尘净化。

转载及运输防尘。转载点落差应小于 0.5 m，若超过 0.5 m，必须安装溜槽或导向板。各转载点应实施喷雾降尘（喷雾压力应大于 0.7 MPa）或采用密闭尘源除尘器抽尘净化措施。在装煤点下风侧 20 m 内，必须设置一道风流净化水幕。运输巷道内应设置自动控制风流净化水幕。

露天煤矿钻孔作业时，应采取湿式钻孔；破碎作业时应采取密闭、通风除尘措施；应加强对钻机、电铲、汽车等司机操作室的防护；电铲装车前，应对煤（岩）洒水，卸煤时应设喷雾装置；运输路面应经常洒水，加强维护，保持路面平整。

4. 对煤矿噪声危害防治的有关规定

《煤矿作业场所职业危害防治规定（试行）》规定：煤矿作业场所噪声危害判定标准：煤矿作业场所从业人员每天连续接触噪声时间达到或者超过 8 小时的，噪声声级限值为 85 dB（A）；每天接触噪声时间不足 8 小时的，可根据实际接触噪声的时间，按照接触噪声时间减半、噪声声级限值增加 3 dB（A）的原则确定其声级限值，最高不得超过 115 dB（A）。

煤矿作业场所噪声的监测地点主要包括：露天煤矿的挖掘机、穿孔机、矿用汽车、带式输送机、排土机和爆破作业等地点；井工矿的风动凿岩机、风镐、局部通风机、煤电钻、乳化液机、采煤机、掘进机、带式输送机、运输车等地点。在每个监测地点选择 3 个测点，取平均值。

井工矿在通风机房室内墙壁、屋面敷设吸声体；在压风机房设备进气口安装消声器，室内表面做吸声处理；对主井绞车房内表面进行吸声处理，局部设置隔声屏；在巷道掘进中应使用液动凿岩机或凿岩台车；在采煤工作面应使用双边链条刮板输送机等措施控制噪声。

露天煤矿应及时对机械设备进行维护、检修，避免机械部件松动，并采取对驾驶室进行密闭隔音处理等措施，控制露天煤矿噪声。

5．对煤矿高温危害防治的有关规定

《煤矿作业场所职业危害防治规定（试行）》规定：煤矿生产矿井采掘工作面的空气温度不得超过26℃，机电设备硐室的空气温度不得超过30℃；当空气温度超过上述要求时，必须缩短超温地点工作人员的工作时间，并给予高温保健待遇。采掘工作面的空气温度超过30℃、机电设备硐室的空气温度超过34℃时，必须停止作业。

应当实行通风降温，采取减少风阻、防止漏风、增加风机能力、加强通风管理等措施保证风量，并采用分区式开拓方式缩短入风线路长度，降低到达工作面风流的温度。

局部热害严重的工作面应采用移动式制冷机组进行局部降温；非空调措施无法达到作业环境标准温度的，应采用空调降温。

露天煤矿应尽量采用机械化作业，减少高温和热辐射的影响；合理调整作业时间，避开日照最强烈的时段作业。

6．对煤矿职业中毒防治的有关规定

《煤矿作业场所职业危害防治规定（试行）》规定：加强矿井通风，采用通风的方法将各种有害气体浓度稀释到《煤矿安全规程》规定的标准以下；加强个体防护，佩戴合格的个体防护用品。

工作面采空区应及时予以封闭，设立警示牌，需要进入时，必须首先进行有害气体检查，确认安全后方可进入；需要进入闲置时间较长的巷道进行作业的，必须先通风、后作业。盲道或废弃巷道应及时予以密闭或用栅栏隔断，并设立警示牌。

煤矿井下实施爆破后，为防止氮氧化物中毒，局部通风机风筒出风口距工作面的距离不得大于5 m，加强通风增加工作面的风量，及时排除炮烟。人员进入工作面进行作业前，必须把工作面的炮烟吹散稀释，并在工作面洒水。爆破时，人员必须撤到新鲜风流中，并在回风侧挂警戒牌。

7．煤矿职业危害事故认定与处理

《煤矿作业场所职业危害防治规定（试行）》规定：煤矿职业危害事故按所造成危害的严重程度，分为一般职业危害事故、较大职业危害事故、重大职业危害事故和特别重大职业危害事故四类。

1）一般职业危害事故，是指发生急性职业中毒10人以下或者急性职业中毒死亡3人以下；

2）较大职业危害事故，是指发生急性职业中毒10人以上50人以下或者急性职业中毒死亡3人以上10人以下；

3）重大职业危害事故，是指发生急性职业中毒50人以上100人以下或者急性职业中毒死亡10人以上30人以下；

4）特别重大职业危害事故，是指发生急性职业中毒100人以上或者急性职业中毒死亡30人以上。

《煤矿作业场所职业危害防治规定（试行）》明确，该规定下列用语的含义：

煤矿作业场所，是指煤矿作业人员进行职业活动的所有地点，包括建设项目施工场所。

职业危害，是指从业人员在从事职业活动中，由于接触粉尘、毒物等有害因素而对身体健康所造成的各种损害。

煤矿职业危害事故，是指煤矿从业人员在生产过程中，由于有毒有害物质等职业危害因素，造成伤亡、重大社会影响的事故。

所属地面作业场所：是指地面与煤矿生产和安全直接相关的作业场所，具体包括为煤矿采煤、掘进、机电、运输、通风与安全服务的地面材料加工、原料供应、生产控制、机电维修、运输等作业场所。

四　职业卫生工作与职业危害因素相关知识点

1. 职业危害因素主要有哪些？

职业危害是指对从事职业活动的劳动者可能导致职业病的各种危害。职业危害因素包括：职业活动中存在的各种有害的化学、物理、生物因素，以及在作业过程中产生的其他职业性有害因素。

目前世界上对某些职业病还没有有效的根治手段，例如矽肺病、尘肺病等，劳动者一旦罹患上这些职业病，通常是不可逆转的。所以，防治职业病关键在预防，控制职业病必须从源头抓起，这个源头就是职业危害因素。不良劳动条件存在各种职业危害因素，按其来源可分为 3 类。

1）生产过程中产生的有害因素

化学因素：有毒物质，如铅、汞、苯、砷、锰、镉、铊、氯、一氧化碳、有机磷农药等；生产性粉尘，无机性粉尘如矽尘、石棉尘、煤尘等，有机性粉尘如棉花、亚麻、烟草、茶叶等，以及混合性粉尘、放射性粉尘。

物理因素：不良气象条件，如高温、高湿、低温、高气压、低气压等；噪声、振动；高频电磁场、微波、红外线、紫外线、激光、X 射线、γ 射线等。

生物因素：如附着在皮毛上的炭疽杆菌、蔗渣上的霉菌，以及布氏杆菌、森林脑炎病毒等。

2）劳动过程中的有害因素

劳动组织和劳动制度不合理：如劳动时间过长，休息制度不合理、不健全等。

劳动中的精神（心理）过度紧张，劳动强度过大或劳动安排不当：如安排的作业与劳动者生理状况不相适应，生产定额过高、超负荷加班加点等。

个别器官或系统过度紧张：如长时间疲劳用眼引起的视力疲劳等；长时间处于某种不良体位或使用不合理的工具等。

3）生产环境中的有害因素

生产场所设计不符合卫生标准或要求：如厂房低矮、狭窄，布局不合理，有毒和无毒的工段安排在一起等；缺乏必要的卫生技术设施，如没有通风换气、照明、防尘防毒、防噪声振动设备，或效果不好；职业危害防护设施和个人防护用品方面不全。

在实际的生产场所中职业病危害因素往往不是单一存在，而是多种因素同时对劳动者的健康产生作用，此时危害更大。

2. 什么是法定职业病?

法定职业病一般由国家确认并经法定程序公布。我国卫生部于 1957 年颁布实施的《职业病范围和职业病患者处理办法的规定》中，曾确定了 14 种法定职业病。1987 年该规定经过修订并由卫生部、劳动部、财政部和全国总工会联合发布，在修订的职业病名单中共规定了 9 类 102 种法定职业病。2002 年 4 月，该规定又经过修订并由卫生部、劳动和社会保障部颁布《职业病目录》，规定了目前我国正在施行的 10 大类、115 种法定职业病。

3. 什么是职业卫生?

职业卫生又称劳动卫生，广义讲两者是同义词，都是指以职工的健康在职业活动过程中免受有害因素侵害为目的的工作领域，以及在法律、技术、设备、组织制度和教育等方面所采取的相应措施。目前世界卫生组织（WHO）和国际劳工组织（ILO）以及多数国家，用“职业卫生与安全”来概括这项工作。

4. 职业卫生工作的三级预防原则是什么?

1）三级预防原则。预防职业病危害，即职业卫生工作的首要职责和任务是：识别、评价和控制生产中的不良劳动条件，保护劳动者的健康。职业卫生工作应遵循以下三级预防原则：①一级预防。即从根本上使劳动者不接触职业病危害因素，如改变工艺，改进生产过程，确定容许接触量或接触水平，使生产过程达到安全标准，对人群中的易感者根据职业禁忌证避免有关人员进入职业禁忌岗位。②二级预防。在一级预防达不到要求，职业病危害因素已开始损伤劳动者的健康时，应及时发现，采取补救措施，主要工作为进行职业危害及健康的早期检测与及时处理，防止其进一步发展。③三级预防。即对已患职业病者，作出正确诊断，及时处理，包括及时脱离接触进行治疗，防止恶化和并发症，使其恢复健康。

2）主要工作内容。根据上述三级预防原则，职业卫生工作应包括下列主要工作内容：①通过职业卫生调查，掌握职业病危害因素产生的原因、条件及其影响的程度，分析其对生产环境的污染和对健康危害的程度，建立记录档案，为全面进行调查和经常性的职业卫生监督提供资料，提出改善职业卫生条件的劳动保护措施和要求。②对接触职业病危害因素的劳动者进行定期体检，掌握作业工人健康情况，做好职业病管理工作，建立健全职业病报告和登记制度，及时掌握职业病的发病情况，采取有效的预防措施。对职业病患者及时予以抢救、治疗和处理。需要时，对其进行劳动能力鉴定。③根据有关职业卫生与职业病防治的法规标准，对工业企业必须进行经常性和预防性的卫生监督。预防性的卫生监督包括对新建、扩建和改建设备设施的工业企业的设计进行卫生检查，对新工艺进行卫生学评价，对新化学物质进行卫生毒理学鉴定等，判断是否可以施工、投产或使用，以及确定必须采取哪些预防措施。经常性的职业卫生监督包括对劳动条件的卫生调查、生产环境的监测和对劳动者的健康监护。④宣传普及职业卫生与职业病防治的基本常识，提高广大职工的劳动保护意识，动员各有关方面的力量密切配合，做好控制职业病危害因素的工作。⑤结合企业的特点、常见职业病危害和存在的劳动保护问题，进行调查研究，分析总结，为制定有关的法规、职业卫生标准和预防措施等提供科学依据。

实践证明，职业病是完全可以预防的，从控制职业病危害源头抓预防，预防工作重心前移，才能最有效地改善劳动条件，净化生产环境，保障劳动者的健康与安全。

五　尘肺病及防治相关知识点

（1）什么是尘肺病？

尘肺病是由于在生产活动中长期吸入生产性粉尘引起的以肺组织弥漫性纤维化为主的全身性疾病。引起尘肺病的生产性粉尘主要有两类：一类是无机矿物性粉尘，包括石英粉尘、煤尘、石棉、水泥、电焊烟尘、滑石、云母、铸造粉尘等；还有一类是有机粉尘。这些粉尘都能引起尘肺病。肺纤维化就是肺间质的纤维组织过度增长，进而破坏正常肺组织，使肺的弹性降低，影响肺的正常呼吸功能。

（2）尘肺病是如何分类的？

根据引起尘肺的矿物粉尘的性质，尘肺病可分为：由含游离二氧化硅为主的粉尘引起的矽肺；由含硅酸盐为主的粉尘引起的硅酸盐尘肺，包括石棉肺、水泥尘肺、滑石尘肺、云母尘肺和陶工尘肺等；由煤尘及含碳为主的粉尘引起的尘肺，如煤工尘肺、石墨尘肺和碳黑尘肺；由金属粉尘引起的金属尘肺，如铝尘肺。有些有机粉尘例如棉尘，虽然也能引起肺部及呼吸道的改变（棉尘病），且属于职业病的范围，但其病变性质与一般尘肺不同，故不属于尘肺病。

（3）我国法定的尘肺病有哪些？

尘肺病是对生产性粉尘引起的肺纤维化疾病的统称，我国法定职业病目录中包括：矽肺、煤工尘肺、电墨尘肺、碳墨尘肺、石棉肺、滑石尘肺、水泥尘肺、云母尘肺、陶工尘肺、铝尘肺、电焊工尘肺、铸工尘肺以及根据《尘肺病诊断标准》和《尘肺病理诊断标准》可以诊断的其他尘肺等13种。

（4）尘肺病有哪些临床表现？

尘肺病无特异的临床表现，其临床表现多与合并症有关。尘肺病早期矽肺没有明显自觉症状，或者只有很轻微的自觉症状，往往是通过职业健康检查时才会发现。但随着疾病的进展，特别是晚期的矽肺病人，就会出现或轻或重以呼吸系统为主的自觉症状。病人常见的首发症状是气短。病情较轻的，往往在从事重体力劳动或爬山时感到气短，稍微休息一会儿，就能好转。再严重一点的，做一些轻体力劳动，走上坡路或上楼梯时有明显气短。

病情严重或有并发症时，由于呼吸和循环功能受到明显损害，会出现胸闷、气短，咳嗽、咳痰，胸痛、呼吸困难，还可以有咯血、无力、消瘦、失眠、食欲减退等。如果有发热，肝大和浮肿，则可能并发了别的疾病。

1）咳嗽。尘肺病人易合并慢性支气管炎，晚期病人多合并肺部感染，均可使咳嗽明显加重。咳嗽与季节、气候等有关。

2）咳痰。一般咳痰量不多，多为灰色稀薄痰。如合并肺内感染及慢性支气管炎，痰量则明显增多，痰呈黄色黏稠状或块状，常不易咳出。

3）胸痛。尘肺病人常常感觉胸痛，胸痛和尘肺临床表现多无相关或平行关系。部位不一，且常有变化，多为局限性。一般为隐痛，也可胀痛、针刺样痛等。

4）呼吸困难。随肺组织纤维化程度的加重，有效呼吸面积减少，通气/血流比例失调，呼吸困难也逐渐加重。合并症的发生可明显加重呼吸困难的程度和发展速度。

5）咯血。较为少见，可由于呼吸道长期慢性炎症引起黏膜血管损伤，痰中带少量血丝；也可能由于大块纤维化病灶的溶解破裂损及血管而使血量增多。

6）其他。除上述呼吸系统症状外，可有程度不同的全身症状，常见有消化功能减低。

（5）如何预防尘肺病？

尘肺病预防的关键在于最大限度防止有害粉尘的吸入，只要措施得当，尘肺病是完全可以预防的。我国针对防尘降尘制定了“革、水、密、风、护、管、教、查”八字方针，大致内容可分为两个方面：

1）技术措施。用工程技术措施消除或降低粉尘危害，是预防尘肺病最根本的措施：①改革工艺过程、革新生产设备。是消除粉尘危害的主要途径，如遥控操纵、计算机控制、隔室监控等避免接触粉尘。②湿式作业。如采用湿式碾磨石英或耐火材料、矿山湿式凿岩、井下运输喷雾洒水、煤层高压注水等，可在很大程度上防止粉尘飞扬，降低环境粉尘浓度。③密闭、抽风、除尘。对不能采取湿式作业的场所，应采用密闭抽风除尘办法，如采用密闭尘源与局部抽风相结合，防止粉尘外逸。

2）卫生保健措施。①接尘工人健康监护。包括上岗前体检、岗中的定期健康检查和离岗时体检，对于接尘工龄较长的工人还要按规定做离岗后的随访检查。②个人防护和个人卫生。佩戴防尘护具，如防尘安全帽、防尘口罩、送风头盔、送风口罩等，讲究个人卫生，勤换工作服，勤洗澡。

（6）尘肺病有哪些并发症？

尘肺病患者比较常见的并发症有肺结核、支气管炎、肺炎、肺气肿、肺源性心脏病、自发性气胸等。比较少见的有：支气管扩张、肺脓肿等。并发症是加快尘肺病加重的主要原因，且常常是引起尘肺病死亡的主要原因。因此，防止尘肺病人的并发症有很重要的意义。

1）肺结核。肺结核可以使尘肺病的症状加重。除气急、胸痛外，可能有全身无力、疲劳、盗汗、潮热及咳嗽、吐痰、咯血等。血沉可以加快。痰化验可能找到结核杆菌。肺部可以听到局限性的湿性啰音等。胸部 X 射线片上除看到尘肺病变外，还可看到结核病变。

2）支气管炎与肺炎。支气管炎与肺炎这两种病也是尘肺病人比较常有的并发症，其中以支气管炎更常见。当尘肺病人并发支气管炎时，表现有咳嗽、吐痰、发热等症状。如并发支气管肺炎时，则咳嗽更加厉害，发热、气急较明显。当并发了大叶性肺炎时，则发病比较突然，高热、吐铁锈色痰、胸痛与气急更显著，还可能有口唇及口角发生泡疹等。化验检查时，可发现白细胞增高，特别是大叶性肺炎，增加比较显著。X 射线检查时，这 3 种病各有不同的疾病特点。

3）肺气肿。肺气肿是较常见的并发症。往往随着病情的发展，肺气肿也越严重。肺气肿的主要表现是慢性进行性的呼吸困难和缺氧。检查时，典型肺气肿病人可以看到有呼吸短促、两肩高耸，颈部因而变得较短、胸部外形像桶状等。肺功能检查可有不同程度的损害。X 射线照片和透视检查都可以看出肺气肿的变化特点。

4）肺源性心脏病。肺源性心脏病就是由于肺部疾病的原因而引起的心脏病。尘肺病人发生肺源性心脏病的主要表现有：除尘肺的症状外，还可能有气急加重，以至感到呼吸很困难，口唇及指甲发绀也比较明显。当发生心力衰竭时，可能出现昏迷或者昏睡。检查时，就有肺气肿的各种表现。X 射线检查可以发现心脏的阴影有改变，如肺动脉段突出，右心室扩大等。

5）自发性气胸也是尘肺病比较常有的并发症。尘肺并发气胸是急症，诊断不及时或误诊，可造成严重后果。尘肺病人发生自发性气胸时的表现有：当发生局限性气胸时，无症状或仅感到胸部发闷发紧。当发生比较广泛的气胸时，可能突然感到胸痛和呼吸困难，胸痛可放射至发生气胸的这一侧的肩部、手臂和腹部；同时还可能有脸色苍白、发绀、出汗等。当检查病人时，可发现脉搏比较细微，血压下降，肋间隙增宽，心脏及气管移向，叩诊时，声音比平时响亮，呈鼓音，呼吸音减弱或者消失等；X 射线检查时，可以很清楚地看到自发性气胸的情形。

（7）哪些行业及工种易患尘肺病？

1）矿山开采：各种金属非金属矿山的开采，煤矿的掘进和采煤的开采，是产生尘肺的主要作业环境，主要作业工种是凿岩、爆破、支柱、运输。

2）金属冶炼：含金属矿石的粉碎、筛分和运输。

3）机械制造业：铸造配砂、造型，铸件的清砂、喷砂以及电焊作业。

4）建材行业：如耐火材料、玻璃、水泥、石料生产中的开采、破碎、碾磨、筛选、拌料等；石棉的开采、运输和纺织。

5）公路、铁路、水利建设中的开凿隧道、爆破等。

（8）从事粉尘作业的工作场所有哪些职业卫生要求？

根据《中华人民共和国职业病防治法》第十三条规定，从事粉尘作业的工作场所有如下职业卫生要求：①粉尘浓度符合国家职业卫生标准；②有相适应的粉尘防护设施；③工作场所生产布局合理，符合有害与无害作业分开的原则；④有配套的更衣间、洗浴间和孕妇休息间等卫生设施；⑤工作场所的设备、工具、用具等设施符合劳动者生理、心理健康的要求；⑥符合法律、行政法规和国务院卫生行政部门关于保护劳动者健康的其他要求。

（9）如何选用防尘口罩（面罩），多长时间需要更换？

防尘口罩的选用要注意以下三点。第一是口罩能有效阻止粉尘进入呼吸道。一个有效的防尘口罩必须能防止微细粉尘，尤其是 5 μm 以下的呼粉尘进入呼吸道，也就是必须是国家认可的“防尘口罩”。一般的纱布口罩是没有防尘作用的。第二是适合性，就是口罩要和脸形相适应，最大限度地保证空气不会从口罩和面部的缝隙进入呼吸道，要按使用说明正确佩戴。第三是佩戴舒适，既要能有效地阻止粉尘，又要使戴上口罩后呼吸不费力。口罩重量要轻，佩戴卫生，保养方便。防尘口罩戴的时间长了就会降低或失去防尘效果，因此必须定期按照口罩使用说明更换。使用中要防止挤压变形、污染进水，仔细保养。

(10) 怀疑自己可能得了尘肺病，该到哪里去诊断、就医？

怀疑自己得了尘肺病，应先到原工作单位取得职业史相关证明材料，再到单位所在地或者本人居住地依法承担职业病诊断的医疗卫生机构进行职业病诊断，该医疗卫生机构应由省级以上人民政府卫生行政部门批准。具体可以向当地卫生部门进行咨询。

(11) 什么是矽肺病？

矽肺是尘肺病的一种，是由于在生产活动中长期吸入含有游离二氧化硅的生产性粉尘而引发的以肺组织弥漫性纤维化为主的全身性疾病，是最严重、最广泛的尘肺病，也是世界上最古老、最广泛发生的职业病。

(12) 矽肺病的发病原因有哪些？

由于在职业活动过程中，长期吸入含有游离二氧化硅的生产性粉尘，粉尘沉积在呼吸性支气管和肺泡壁上，长期储留于肺内，巨噬细胞在吞噬进入肺泡的粉尘后，在二氧化硅的作用下，遭受损伤和死亡，产生大量致纤维化因子，引起肺间质的广泛纤维化，使肺组织丧失弹性。

影响尘肺病发病的因素主要有三种：一是粉尘的性质。游离二氧化硅具有极强的细胞毒性和致纤维化作用，粉尘中游离二氧化硅含量的多少与该粉尘致纤维化的程度密切相关，游离二氧化硅越高，致肺纤维化的作用就越强、进展越快，病变最严重。二是粉尘颗粒的大小和比重。一般来说，颗粒直径较大的粉尘往往通过黏液分泌或气管黏膜上皮细胞纤毛运动随痰排出，只有直径小于 7 μm 的呼吸性粉尘才有可能进入肺泡，引起肺间质的广泛纤维化。三是接触时间的长短和接触量。接触时间越长，作业场所粉尘的浓度越高，危害也就越大。

(13) 如何治疗矽肺病?

尘肺的治疗主要是综合治疗：对于已经得了病的患者，应脱离接触粉尘，要尽力维护患者的身体健康状态。应预防并发症的发生，要预防感冒、上呼吸道感染，改善不良生活习惯，如饮酒、吸烟。有合并症的要积极治疗并发症。

1）健康生活习惯和合理适度的保健锻炼。一般来说，症状不多也没有并发症的尘肺病人不需要住院，自己注意养成健康的生活习惯，并进行合理适度的保健锻炼，就可以正常生活。首先病人不能吸烟，吸烟可加重病情；要预防感冒，注意气候变化及时调整穿衣及户外活动；要适度地锻炼，如漫步、打太极、深呼吸等，做一点力所能及的体力活动，可增加免疫力。

2）预防并发症。矽肺的常见和主要的并发症是肺部感染、结核、气胸、肺心病。预防感冒，特别是冬季不要感冒，在感冒流行期不要到人员过于集中的地方，可有效预防和减少肺部感染的机会。不要密切接触结核病人，预防合并结核。保持大便通畅，不要突然过分用力，咳嗽时要及时治疗，避免用力咳嗽，可预防和减少气胸的发生。

3）及时治疗并发症。有肺部感染、肺心病心功能不全、合并结核者必须及时到医院和专科医院治疗。气胸突然发生者，必须立即到医院治疗。

(14) 什么是石棉肺?

石棉肺是我国法定尘肺病的一种，其主要病理改变是肺间质纤维化和胸膜纤维化。石棉所致肺间质纤维化开始多在肺下部，随病情进展逐渐向全肺扩散，严重时正常肺组织的细支气管、肺泡等完全被纤维化代替，并和扩张的细支气管混合在一起形成蜂窝状改变，从而影响正常的呼吸功能。胸膜纤维化主要表现为胸膜增厚、粘连，由于纤维化组织的收缩及胸膜纤维化，可使肺脏体积明显缩小。在一般职业接触情况下，石棉肺发生可能需要较长的时间，一般经 10 ~ 20 年，在停止接触石棉粉尘后肺纤维化仍可继续进展，病情不断加重。值得注意的是，长期接触石棉粉尘的工人，离岗时虽然没有发现石棉肺，但离岗后仍有部分工人可能发生石棉肺。

六 矿山开采职业危害及预防相关知识点

（1）矿山开采中主要有哪些职业病危害因素？

矿山开采中产生的职业病危害因素主要有：生产性粉尘、有毒有害气体、生产性噪声与振动，以及某些深度井工煤矿的气温高、湿度大等不良的环境条件，还有劳动强度大、作业姿势不正确等。

生产性粉尘是煤矿与金属及非金属矿山中的主要职业病危害因素。矿山的许多生产过程与工序，尤其是矿工中的许多一线工种都会接触到生产性粉尘。如掘进、采煤、运输生产过程与工序中的凿岩工、放炮工、支柱工、运输工等，其中凿岩工接触粉尘量最多，受危害也最为严重。煤矿与金属及非金属矿山的岩石掘进工由于大量接触石英粉尘，如不重视职业卫生工作，矽肺的发病率就会很高。

矽肺是尘肺中最为严重，也是我国目前最为常见，影响面最为广泛的一种职业病。它是由于作业人员长期大量吸入含有较高浓度二氧化硅粉尘所引起，肺部有弥漫性纤维化，进而影响肺功能，导致全身性疾病而丧失劳动能力。

二氧化硅在自然界中分布极广，以石英为代表，它含二氧化硅在97%以上，而95%的矿石中都含有各种形态的石英。例如在铜、铁、金、铅、锌、钨、镍、钼、铀矿中均含有大量石英。矽肺发病与作业人员接触石英粉尘量、浓度、时间有密切关系。一般发病比较缓慢，多在接触粉尘5~10年才开始发病，有的也可能在15~20年才发病。但如果接触含二氧化硅量高，粉尘浓度又大，加之个人防护措施又差，则接触粉尘1~2年就能发生矽肺，即称为“速发性矽肺”。同时还要注意，有的作业人员接触过一定量的石英粉尘，当时并没有查出患有矽肺，而在脱离粉尘若干年后才又查出矽肺，即称为“晚发性矽肺”。

煤矿作业人员如长期大量吸入较高浓度的煤尘或煤矽尘会导致煤工尘肺。煤工尘肺包括矽肺、煤矽肺和煤肺。在岩石掘进面工作的如凿岩工等，接触含有大量二氧化硅的岩尘，所患尘肺多为矽肺；在采煤工作面的如采煤工、回采工，还有煤仓装卸工等接触大量煤尘，其二氧化硅含量较低，所患尘肺多为煤肺；如果工种不固定，既做掘进工，又做采煤工，接触大量岩尘和煤尘，所患尘肺多为煤矽肺，而这种类型是我国煤矿工人中最为常见的尘肺。煤工尘肺的发病工龄一般较长，均在15~20年或者更长。

矿井中的有毒有害气体主要有瓦斯、一氧化碳、二氧化碳、硫化氢、氮氧化物等。瓦斯的主要成分是甲烷，存在于煤层中，往往在煤块崩落时排放出来。放炮使用的硝酸甘油炸药会产生大量的一氧化碳，硝铵炸药会产生大量氮氧化物；二氧化碳存在于煤层、煤块中，往往随采煤与瓦斯一起排放出来；此外煤层自燃会产生大量的一氧化碳、二氧化碳，有的煤层中也会含有一氧化碳。硫化氢一般存在于煤层中一定区域的“鸡窝状”矿内，往往随落煤时排放出来。因此，如不重视职业卫生与劳动保护工作，往往会发生有毒有害气体中毒事故。

生产性噪声与振动主要来源于风钻、风镐等风动工具，其噪声一般在90～100 dB（A），其振动频率也很大；联合采煤机的噪声一般在90～104 dB（A）；还有振动式运输机产生的噪声与振动也十分严重。长期接触噪声可引发噪声性耳聋；人体的局部肢体（主要是手）长期接触强烈振动可引发振动病，我国已将振动病列为法定职业病，振动病一般是对局部病而言，也称职业性雷诺现象、振动性血管神经病、气锤病和振动性白指病等。因此，矿山开采中要重视生产性噪声及振动的职业卫生与劳动保护工作。

（2）矿山开采中预防职业病危害的主要措施有哪些？

第一，改善作业人员尤其是井下采掘一线矿工的劳动条件，控制矿山开采作业中的各类职业病危害因素，对矿山开采的生产过程、生产设备进行技术改造，逐步实现开采运输等各生产环节的机械化、自动化，从根本上改善矿工的作业环境与劳动条件。

第二，加强通风防尘、通风排除有毒有害气体的措施，严格实施湿式作业并加强通风，如湿式凿岩、放炮后的湿式喷雾、装岩前的洒水、冲洗岩帮等。

第三，采取降低各类风动设备、工具的噪声与振动措施，如采用装置消声器降低风动活塞装置的排气噪声等；从各生产环节、生产工艺上控制或消除振动源是振动控制的最根本措施，此外采取自动化、半自动化控制装置，减少接振，以及改进振动设备与工具，降低振动强度，或减少手持振动工具的重量，以减轻肌肉负荷和静力紧张。

第四，加强个人防护。矿山企业应当为接触职业病危害因素的劳动者提供符合国家卫生标准要求的防护用品，并教会职工正确佩戴使用；企业在购置防护用品产品时，应保证防护用品的质量和防护用品符合国家标准和卫生要求，不准使用没有生产企业、没有产品名称、未经有资质的服务机构检测的防护用品产品。

七　石油与天然气开采职业危害及预防相关知识点

（1）石油与天然气开采中主要有哪些职业病危害因素？

石油和天然气生产中的地质勘探、钻井、测井、采油、井下作业以及石油地面工程建设等均属于野外作业，劳动条件较差，许多生产工艺环节都存在程度不同的职业病危害因素。例如，钻井、测井要接触到放射源，如不重视放射卫生与劳动保护工作，可因接触放射性物质过量辐射而导致放射性职业病。又如石油开采的基本生产过程分为采油与修井两部分。在采油生产作业区域，空气中一般均含有石油蒸气等烃类化合物和硫化氢气体。在开采硫含量低于 0.5% 的低含硫石油时，作业场所硫化氢的浓度不得超过最高容许浓度 10 mg/m^3。采油作业人员长期接触石油蒸气和硫化氢气体，可出现眼结膜和上呼吸道刺激症状，以及皮肤病油痤疮。油痤疮一般称为油疹，即因接触煤焦油、页岩油、天然石油及其高沸点的分馏产品，沥青等引起。易发生于脂溢性体质的人，皮损主要见于面部、四肢、躯干、臀部及外阴部等直接或间接接触油的部位。一般接触数月后逐渐发生，皮疹为毛囊性，表现为毛孔扩张，毛囊口角化、毳毛折断及黑头粉刺，常有炎性丘疹、毛囊炎、结节及囊肿。较大的黑头粉刺挤出栓塞物后，常留有特殊形态的“压模样”疤痕。皮损处一般无自觉症状或有轻度痒感。采油作业人员在开采硫含量高于 2% 的高含硫石油时，如不重视职业卫生与劳动保护工作，往往会发生硫化氢眼炎，甚至角膜溃疡；在发生天然气井喷事故时，可发生天然气窒息、急性烃类化合物和硫化氢气体中毒事故，严重者可造成死亡。2003 年 12 月 23 日，重庆市开县境内的中石油川东北气矿一矿井发生天然气井喷事故，大量硫化氢气体散逸，造成 243 人死亡，2 142 人到各类医院医治就诊，65 万人被紧急疏散安置。修井作业的基本工种为修井工，大部分作业要将油井口启开进行露天作业，在其中的酸化作业时，如不重视职业卫生与劳动保护工作，修井工可因接触酸雾出现呼吸道刺激症状，如皮肤接触到酸类可引起灼伤。

（2）石油与天然气开采中预防职业病危害的主要措施有哪些？

第一，要重视野外作业人员受到各种不良气候条件影响的劳动保护。如我国北方油田冬季气温低至 -37℃左右，要注意防寒保暖，防止作业人员冻伤；而到了夏季，我国南方油田气温高达 40℃，要注意防暑降温，防止作业人员高温中暑。

第二，钻井、测井要接触到放射源，企业要严格执行国务院颁布的《放射性同位素与射线装置安全和防护条例》(2005 年国务院令第 449 号)，以及卫生部颁布的《放射工作人员职业健康管理办法》（2007 年卫生部令第 55 号）、《放射工作卫生防护管理办法》（2001 年卫生部令第 17 号）、《放射防护器材与含放射性产品卫生管理办法》（2002 年卫生部令第 18 号）规定，建立放射工作人员健康管理制度、放射性个人剂量监测制度，并要建立放射源的储存、领取、运输和使用等环节的一系列规章制度和操作规程，增强职业安全卫生意识，落实责任，杜绝意外事故的发生。

第三，要防止井喷、井喷失控、井喷失控着火和爆炸，以及有害气体的泄漏，防止硫化氢、一氧化碳、盐酸、氢氟酸、二氧化碳、氮气等中毒窒息事故的发生。酸化是高压危险施工，酸化时使用的盐酸、氢氟酸、硝酸等强基酸及添加剂易造成灼烫、窒息和中毒，酸化后酸液与地层及地层流体的反应物排出油井时，易造成灼烫、窒息和中毒，应特别注意加强这些工序与环节的安全生产、劳动保护。

八 钢铁工业的职业危害及预防相关知识点

（1）钢铁工业主要有哪些职业病危害因素？

钢铁工业的生产流程主要包括矿山的采矿与选矿、焦化厂的炼焦及焦化产品、耐火材料、炼铁、炼钢与轧钢。

由于我国的铁矿石大部分都是贫矿，因此必须将贫矿进行破碎后选出高品位的精矿，再将精矿粉通过烧结厂烧制成为人造富矿，才能进入高炉冶炼使用。烧结厂的职业病危害因素主要有：高温及热辐射；烧结机尾部喷水冷却时产生的一氧化碳有毒有害气体；烧结机尾部产生的大量粉尘；较强的体力劳动。

炼铁需要焦炭，焦化厂是生产焦炭及煤焦油等焦化产品的。焦化厂的职业病危害因素主要有高温及热辐射；还有轻油或粗苯蒸馏时，如车间通风不良，作业场所空气中的苯、甲苯、二甲苯的浓度可超过国家卫生标准规定的最高容许浓度，从而对作业人员造成危害；炼焦生产过程中，作业场所如车间通风不良使作业人员接触煤尘，因烟尘中会含有致癌物质，而对作业人员造成危害。

炼铁生产过程存在的主要职业病危害因素为高温及热辐射、粉尘、一氧化碳、二氧化硫、噪声、电离辐射，以及较强的体力劳动等。

目前炼钢采用的方法有转炉、平炉、电炉 3 种，炼钢厂的职业病危害因素主要有高温及热辐射、一氧化碳有毒有害气体。轧钢分为热轧与冷轧，轧钢机将钢锭、钢坯轧制成钢材。轧钢厂生产过程中的职业病危害因素主要有高温及热辐射、噪声、毒物、放射线和粉尘等，其中有关工序及其作业人员接触的毒物危害主要有一氧化碳、乙炔、锰及其化合物、氮氧化物、臭氧、盐酸、硫酸、铬及其化合物、氢氧化钠、氢氧化钾、锌及其氧化物、铅及其化合物、氟化物、甲苯和二甲苯、沥青、三氯乙烯、氮气、二氧化氮、丙烯酸、乙酸乙酯、聚偏氟乙烯等，这些职业病危害因素分布在冶金轧钢工艺过程的不同工序之中。

（2）钢铁工业预防职业病危害的主要措施有哪些？

钢铁行业职业病危害，通常是采用落后生产方式的小钢铁企业较为严重，所以要贯彻实施2009年3月20日国务院办公厅发布的《钢铁产业调整和振兴规划》的指导思想：“以控制总量、淘汰落后、企业重组、技术改造、优化布局为重点，着力推动钢铁产业结构调整和优化升级……”，加速淘汰技术、设备、产能落后的职业病危害严重的小钢铁企业，提高钢铁企业装备水平。控制生产各流程中职业病危害的主要措施为：烧结生产中职业病危害的预防，主要是防止高温及热辐射。厂房的设计布局应符合GBZ1—2002《工业企业设计卫生标准》，冷却机及浇水处要设在厂房外；烧结机头部要安装通风除尘系统或静电除尘装置，地面应湿式清扫。

对炼铁、炼钢及轧钢生产预防职业病危害的具体措施：一是应实现生产过程的机械化、自动化；二是要预防高温及热辐射的危害，厂房的设计布局应符合GBZ1—2002《工业企业设计卫生标准》，高温季节要特别注意预防高温作业人员中暑，高温作业场所可装设鼓风机送风调剂，炉前防热可用水帘、气幕或隔热金属网，应设置凉爽舒适的休息室；三是有职业病危害的作业岗位均应加强职业安全卫生个体防护措施，按照各项职业安全卫生的要求穿戴个体防护用品；四是要预防煤气中毒，加强通风并采取防尘措施，要提高设备的完好率，防止煤气泄漏，要在易发生煤气泄漏的场所安装煤气报警器，煤气作业人员进行煤气作业时应佩戴便携式煤气报警器，并派专人监护。

九　有色金属工业的职业危害及预防相关知识点

（1）有色金属工业主要有哪些职业病危害因素?

由于有色金属及其化合物本身大多是有毒物质，因此铅、铍、铜锌、锡、锑等有色金属在烧结、焙烧、冶炼过程中可产生大量的毒物烟尘，如不注意劳动保护，有关作业人员即有可能发生相应的职业中毒。例如铅中毒、铍中毒；铜锌冶炼中因吸入氧化锌而引起的金属热；铊可存在于某些铁、铅、铜、锌等矿石中，所以在冶炼过程中产生的某些粉尘也可含有高毒物质铊；作业人员长期吸入锡、锑冶炼过程中产生的高浓度烟尘，可导致锡尘肺、锑尘肺等。在铅锌烧结、铅锌熔炼、羰基镍制取、锌镉熔炼、钴煅烧等生产中，如不注意劳动保护，均可能导致一氧化碳中毒；在铜锌冶炼过程中可产生大量的二氧化硫烟尘，也会对作业人员造成危害。生产过程中的高温辐射、噪声、振动等不良物理因素会对人体造成危害。目前我国许多落后产能的有色金属企业由于规模小、非标准设备多、机械化水平低、手工操作多、劳动强度大、生产连续性也差，加之作业条件和生产环境差，因此，其职业病危害较大型的现代化有色金属企业严重得多。

（2）有色金属工业预防职业病危害的主要措施有哪些?

有色金属工业职业病危害在落后产能的小有色金属企业中更为严重，因此预防有色金属工业企业职业病危害的主要措施，首先要贯彻实施 2009 年 5 月 11 日国务院办公厅发布的《有色金属产业调整和振兴规划》的指导思想，加速淘汰落后技术、设备、职业病危害严重的小有色金属企业，提高有色金属企业的装备水平。这是解决有色金属冶炼生产过程中的职业病危害的根本出路，只有对落后的生产工艺过程、生产设备进行淘汰或技术改造，才能彻底实现生产过程的密闭化、自动化。此外，还应对产生尘毒的设备或工序采取密闭措施，实现自动化生产，尽可能减少人工操作，并应安装通风除尘排毒装置。应采取在生产各流程中防暑降温，控制噪声、振动，以及个人防护等措施。

十 机械制造加工业职业危害及预防相关知识点

(1) 机械制造加工业主要有哪些职业病危害因素?

机械制造加工业是各种工业的基础，涉及范围广泛，产业工人队伍庞大。据不完全统计，我国有150万~200万劳动者从事机械制造产业，包括铸造、锻造、热处理、机械加工和装配等，这些工作存在着各种职业病危害因素。

职业病危害因素主要有：铸造车间的生产性粉尘；高温及热辐射；有害气体，如熔炼金属与浇铸时可产生一氧化碳；以及噪声、振动等。锻造车间的高温及热辐射；一氧化碳、二氧化硫有害气体；以及噪声、振动等。热处理车间的加热炉、盐浴槽可造成高温及热辐射，高频电炉可造成高频电磁场危害。机加工车间在加工过程中会有金属和矿物性粉尘产生。装配车间一般有焊接、电镀及喷漆涂装等作业，长期吸入高浓度的电焊粉尘，可发生焊工尘肺；此外，电焊时如不注意眼部防护，可发生电光性眼炎；喷漆时可发生苯、甲苯、二甲苯中毒。

（2）机械制造加工业预防职业病危害的主要措施有哪些？

第一，厂房车间的设计布局应符合 GB Z1—2002《工业企业设计卫生标准》，防止各工序、工种之间的职业病危害交叉污染。如铸造工序中的熔炼炉应放在室外或远离人员集中的场所；铆工和电焊、喷漆涂装工序应分开布置等。

第二，铸造应选用低游离二氧化硅含量的型砂，并减少手工造型和清砂作业；清砂应采用水爆清砂和水力清砂，安装大功率的通风除尘系统，实行喷雾湿式作业，以降低作业场所空气中的粉尘浓度，工人要佩戴符合国家标准的防尘口罩。

第三，对热处理和金属熔炼过程中产生化学毒物的设备，要采取密闭措施或安装局部通风排毒装置；对某些淬火、电镀及喷漆涂装或使用胶粘剂等易产生高浓度有毒有害气体的工作场所，应制定急性职业中毒应急救援预案，设置警示标识，有关作业人员作业时要佩戴防毒面具或防毒口罩等。

第四，要做好铸造、锻造中的气锤、空压机，机械加工中的打磨、抛光、冲压、剪板、切割等高强度噪声设备的治理。对高强度噪声源可采取集中布置的防噪声措施，并设置隔声屏蔽；对空气动力性噪声源应在进气或排气口采取消声处理措施；对集中控制室和岗位操作室应采取隔声和吸声处理措施；作业人员进入噪声强度超过 85 dB（A）的工作场所，应佩戴防噪声耳塞或耳罩。

第五，对铆接、锻压机、型砂捣固机、落砂、清砂等振动设备，应采取减振措施或对作业人员实行轮换操作。

第六，对产生高频、微波等射频辐射的设备可采取屏蔽措施以隔离磁场和屏蔽电场；对微波在工作地点的辐射，可采用反射型和吸收型两种屏蔽方法进行屏蔽。此外还可采取距离隔离防护措施，对作业人员采取时间防护措施等。

第七，要预防高温作业人员中暑。对铸造、锻造、热处理等高温作业人员，要从工程技术、职业卫生保健、劳动组织管理等方面，采取合理布置与控制热源、供应防暑降温饮料、轮换作业，以及采取在集中控制室和操作室设置空调等一系列综合性预防措施，做好预防工作。

十一 化工行业职业病危害及预防相关知识点

(1) 化工行业主要职业病危害有哪些?

化工行业最主要的职业病危害一是职业中毒；二是尘肺。因为在化工生产中许多化工产品的原料、中间体与产品都是有毒物质，加之其生产过程中需要的辅助物料，以及生产过程中产生的副产物等，也均可能是有毒物质，因此作业人员在化工生产中大多会接触到毒物。毒物是指在一定条件下，投予较小剂量时可造成机体功能或器质性损害的化学物。这些毒物在生产环境中，常呈气体、蒸气、雾、烟尘、粉尘等形态存在，主要通过作业人员的呼吸道和皮肤侵入人体而导致职业中毒。在化工生产中，许多作业都会接触到粉尘，这是导致化工行业某些作业人员患尘肺的重要原因之一。例如，化工机械制造的选型、清砂、混砂，电焊、研磨，树脂、染料的干燥、包装与储运等；以及化学矿山生产中的凿岩、爆破、装渣、运输、选矿等作业。

化学工业中的几种主要化工生产职业病危害因素如下。

1）酸、碱工业生产过程中的主要职业病危害因素为：硫酸工业生产的焙烧、精制、干燥过程中可产生二氧化硫、三氧化硫、氨等有毒有害气体；在其矿石粉碎、传送、筛分过程中可产生粉尘，以及焙烧炉周边也可产生粉尘，还有焙烧炉产生的高温。纯碱工业生产中可产生二氧化硫、三氧化硫、氨等有毒有害气体。氯碱工业生产过程中的主要职业病危害因素为氯气，但如采用汞电极电解槽法生产时还会有汞蒸气。

2）化肥生产过程中的主要职业病危害因素有：氨、一氧化碳、硫化氢、氮氧化物、氟化氢、磷化氢等。例如，在氮肥生产过程中，尿素、氨水、碳酸氢铵等合成氨生产主要分为造气、变换、合成、加工 4 个部分，其中除了造气工段之外，基本上都是管道化生产。在造气工段、变换工段生产过程中的有毒有害气体主要有一氧化碳及少量的硫化氢；合成工段合成生产过程中及液氨装钢瓶时会有氨气；造气工段可产生高温及煤尘；变换工段的变换气体压缩机、合成工段的气体压缩机可产生强烈噪声。

3）染料、涂料、有机合成溶剂助剂工业生产过程中，职业病危害因素主要为有毒有害气体及某些有致癌作用的化合物。例如，染料生产的原料（苯、萘、蒽等）多从煤焦油提炼，这些原料大多经过硝化、还原、卤化、磺化、重氮化、氧化成为各种中间体，然后经聚合，合成各种不同染料。生产过程中产生的有毒有害气体主要有苯、硫化氢、氮氧化物及氨等；苯、萘、蒽等染料原料和一些中间体属于脂溶性芳香烃化合物，可经皮肤吸收，某些染料的中间体可能采用联苯胺或萘胺化合物，这些化合物有致癌作用；此外加热反应锅炉等锅炉及管道可散发热量产生高温；未采用湿式作业烘干、磨成细料时可产生粉尘危害。又如，涂料生产中涉及的职业病危害因素主要有光气、二氧化硫、氮氧化物、氯化氢、氰化氢、苯类等。再如，有机合成溶剂助剂生产中涉及的职业病危害因素主要有氯、氯化氢、甲醛、有机氟、醛、苯类、二氧化硫、三氯化磷、丙烯醛等。

4）塑料生产过程中的职业病危害因素主要为有毒有害气体。例如氯化聚醚在高温下可分解出氯化氢、氯甲烷、醛类、一氧化碳等；聚苯醚生产过程中的原料有苯、甲醇、苯酚等；丙烯酸树脂生产过程中可能接触氢氰酸、丙酮氰醇、甲基丙烯酸甲酯、甲醇、丙酮等。这些有毒有害气体或化学品都具有不同程度的危害。

5）化学农药生产过程中的主要职业病危害因素主要为原料、中间体及成品中存在的各种化学毒物及这些毒物所引起的职业中毒。例如在其生产过程中引起急性职业中毒的主要毒物有三氯化磷、三氯乙醛、氯、氮氧化物、二氯硫磷、磷化氢、氯化氢、光气、硫化氢等；还有在生产与使用中接触并吸收一定浓度的有机磷类农药成品、氨基甲酸酯类农药成品、杀虫脒类农药成品、溴甲烷类农药成品、拟除虫菊酯类农药成品，可分别导致有机磷中毒、氨基甲酸酯类中毒、杀虫脒中毒、溴甲烷中毒、拟除虫菊酯类中毒。

（2）化工行业预防职业病危害的主要措施有哪些？

1）关注预防职业病危害的重点。据2009年5月22日卫生部办公厅颁布的《关于2008年全国职业卫生监督管理工作情况的通报》（卫办监督发［2009］86号）结果分析，

2008年全国“职业中毒呈现行业集中趋势。急性职业中毒以一氧化碳、氯气和硫化氢中毒最为严重，主要分布在化工、煤炭、冶金等行业。慢性职业中毒以铅及其化合物、苯和二硫化碳中毒较为严重，主要分布在有色金属、机械、化工等行业”。这一分析结果表明，预防职业中毒是化工行业预防职业病危害的重点，其中尤其要关注以一氧化碳、氯气和硫化氢中毒最为严重的急性职业中毒，以及以铅及其化合物、苯和二硫化碳中毒较为严重的慢性职业中毒。

2）从源头抓好预防职业病危害。对化工企业新建、扩建、改建的建设项目和技术改造、技术引进项目，可能产生职业中毒危害的，应当依照《职业病防治法》的规定进行职业中毒危害预评价，并经卫生行政部门审核同意；可能产生职业中毒危害的建设项目的职业中毒危害防护设施，应当与主体工程同时设计，同时施工，同时投入生产和使用；建设项目竣工，应当进行职业中毒危害控制效果评价，并经卫生行政部门验收合格。对存在高毒作业的化工企业建设项目的职业中毒危害防护设施设计，应当经卫生行政部门进行卫生审查；经审查，符合国家职业卫生标准和卫生要求的，方可施工。

3）抓好作业场所预防职业病危害的措施。

第一，对企业应进行职业卫生评价。一是经过职业卫生评价，对已投产的存在职业病危害的落后的生产及工艺应予以淘汰，或进行技术革新与改造。二是通过评价应重点加强对泄漏源的安全管理。泄漏是化工企业中常见的事故，不仅会引发职业中毒，而且可能会引发火灾与爆炸。如化工企业中常见的泄漏源有储罐与管道上的孔洞及裂纹、阀门与泵体的裂纹等。要建立职业中毒危害因素浓度测定制度，采取有效措施控制和消除泄漏源，防止因密闭性能不好、设备管理不善、检测检修不到位，而造成“跑、冒、滴、漏”现象严重，有毒有害气体大量逸出，而酿成急性职业中毒等伤亡事故。

第二，对进入高毒物品作业场所人员要加强劳动保护措施。需要进入存在高毒物品的设备、容器或者狭窄封闭场所作业时，应事先保持作业场所良好的通风状态，确保作业场所职业中毒危害因素浓度符合国家职业卫生标准；要为作业人员配备符合国家职业卫生标准的防护用品；要设置现场监护人员和现场救援设备。未采取以上规定措施或者采取的措施不符合安全要求的，不得安排作业人员进入存在高毒物品的设备、容器或者狭窄封闭场所作业。维护、检修存在高毒物品的生产装置必须事先制订维护、检修方案，明确职业中毒危害防护措施，确保维护、检修人员的生命安全和身体健康。维护、检修存在高毒物品的生产装置，必须严格按照维护、检修方案和操作规程进行，维护、检修现场应当有专人监护，并设置警示标志。

第三，设置有效的通风装置与自动报警装置。可能突然泄漏大量有毒物品或者易造成急性中毒的作业场所，应设置自动报警装置和事故通风设施；对少数高毒物质，必须采取严格密闭，隔离式操作，以避免或减少直接接触等。

第四，作业场所与生活场所分开，作业场所不得住人；有害作业与无害作业分开，高毒作业场所与其他作业场所隔离；高毒作业场所设置应急撤离通道和必要的泄险区。

第五，使用有毒物品作业场所应当设置黄色区域警示线、警示标识和中文警示说明。警示说明应当载明产生职业中毒危害的种类、后果、预防以及应急救治措施等内容。高毒作业场所应当设置红色区域警示线、警示标识和中文警示说明，并设置通信报警设备。

第六，企业应当对职工进行上岗前的职业卫生培训和在岗期间的定期职业卫生培训，普及有关职业卫生知识，督促作业人员遵守有关法律、法规和操作规程，指导其正确使用职业中毒危害防护设备和个人使用的职业中毒危害防护用品。